"十四五"时期国家重点出版物出版专项规划项目

大规模清洁能源高效消纳关键技术丛书

新型电力系统
技术路线探索

李春来　杨立滨　李正曦 等　编著

中国水利水电出版社

www.waterpub.com.cn

·北京·

内 容 提 要

本书是《大规模清洁能源高效消纳关键技术丛书》之一，全书分5章，阐述了新型电力系统发展背景、特征与内涵、发展路径，并以青海为例进行详细介绍。第1章概述，介绍了新型电力系统发展背景、特征与内涵、政策分析、技术发展路径和青海技术路线探索；第2章新型电力系统电源侧，介绍了电源侧结构、电源侧发展存在的问题、电源侧发展技术探索；第3章新型电力系统5G数字化发展，介绍了5G网络架构、5G通信网络安全防护、5G应用场景及方案；第4章新型电力系统负荷侧，介绍了负荷侧结构、负荷侧发展存在的问题、负荷侧发展技术探索；第5章新型电力系统储能侧，介绍了储能技术现状、应用场景、发展路线探索和应用实践。

本书适合从事太阳能发电、风力发电以及电力系统规划、设计、调度、生产、运行等工作的相关工程技术人员及管理人员阅读参考。

图书在版编目（ＣＩＰ）数据

新型电力系统技术路线探索 / 李春来等编著. —— 北京：中国水利水电出版社，2023.12
（大规模清洁能源高效消纳关键技术丛书）
ISBN 978-7-5226-1994-1

Ⅰ. ①新… Ⅱ. ①李… Ⅲ. ①电力系统－研究 Ⅳ. ①TM7

中国国家版本馆CIP数据核字(2023)第248761号

书　　　名	大规模清洁能源高效消纳关键技术丛书 **新型电力系统技术路线探索** XINXING DIANLI XITONG JISHU LUXIAN TANSUO
作　　　者	李春来　杨立滨　李正曦　等 编著
出版发行	中国水利水电出版社 （北京市海淀区玉渊潭南路1号D座　100038） 网址：www.waterpub.com.cn E-mail：sales@mwr.gov.cn 电话：（010）68545888（营销中心）
经　　　售	北京科水图书销售有限公司 电话：（010）68545874、63202643 全国各地新华书店和相关出版物销售网点
排　　　版	中国水利水电出版社微机排版中心
印　　　刷	天津嘉恒印务有限公司
规　　　格	184mm×260mm　16开本　9印张　197千字
版　　　次	2023年12月第1版　2023年12月第1次印刷
印　　　数	0001—3000册
定　　　价	**72.00元**

《大规模清洁能源高效消纳关键技术丛书》
编 委 会

《新型电力系统技术路线探索》
编　委　会

主　　编　李春来

副 主 编　杨立滨　李正曦　刘庭响　周万鹏

编　　委　安　娜　王　恺　马俊雄　高　金　马梁冀　杜发辉

刘海涛　梅文庆　杜景琦　张志学　黄　敏　胡　亮

南永辉　王　跃

参编单位　国网青海省电力公司

国网青海省电力公司清洁能源发展研究院

中车株洲电力机车研究所有限公司

中电长城网际系统应用有限公司

中国铁塔股份有限公司青海省分公司

中国移动通信集团青海有限公司

Preface
序

世界能源低碳化步伐进一步加快，清洁能源将成为人类利用能源的主力。党的十九大报告指出：要推进绿色发展和生态文明建设，壮大清洁能源产业，构建清洁低碳、安全高效的能源体系。清洁能源的开发利用有利于促进生态平衡，发展绿色产业链，实现产业结构优化，促进经济可持续性发展。这既是对我中华民族伟大先哲们提出的"天人合一"思想的继承和发展，也是党中央、习近平主席提出的"构建人类命运共同体"中"命运"质量提升的重要环节。截至 2019 年年底，我国清洁能源发电装机容量 9.3 亿 kW，清洁能源发电装机容量约占全部电力装机容量的 46.4%；其发电量 2.6 万亿 kW·h，占全部发电量的 35.8%。由此可见，以清洁能源替代化石能源是完全可行的。

现今我国风电、太阳能等可再生能源装机容量稳居世界之首；在政策制定、项目建设、装备制造、多技术集成等方面亦具有丰富的经验。然而，在取得如此优势的条件下，也存在着消纳利用不充分、区域发展不均衡等问题。目前清洁能源消纳主要面临以下困难：一是资源和需求呈逆向分布，导致跨省区输电压力较大；二是风电、光伏发电的出力受自然条件影响，使之在并网运行后给电力系统的调度运行带来了较大挑战；三是弃风弃光弃小水电现象严重。因此，亟须提高科学技术水平，更加有效促进清洁能源消纳的质和量，形成全社会促进清洁能源消纳的合力，建立清洁能源消纳的长效机制，促进清洁能源高质量发展，为我国能源结构调整建言献策，有利于解决清洁能源产业面临的各种技术难题。

"十年磨一剑。"本丛书作者为实现绿色能源高效利用，提高光、风、水、热等多种能源综合利用效率，不懈努力编写了《大规模清洁能源高效消纳关键技术丛书》。本丛书从基础研究、成果转化、工程示范、标准引领和推广应用五个环节着手介绍了能源网协调规划、多能互补电站建模、测试以及快速调节技术、多能协同发电运行控制技术、储能运行控制技术和全国集散式绿色能源库规模化建设等方面内容。展现了大规模清洁能源高效消纳领域的前沿技术，代表了我国清洁能源技术领域的世界领先水平，亦填补了上述科技工程领域的出版空白，望为响应党中央的能源转型战略号召起一名"排头兵"的作用。

这套丛书内容全面、知识新颖、语言精练、使用方便、适用性广，除介绍基本理论外，还特别通过实测建模、运行控制、测试评估等原创性科技内容对清洁能源上述关键问题的解决进行了详细论述。这里，我怀着愉悦的心情向读者推荐这套丛书，并相信该丛书可为从事清洁能源消纳工程技术研发、调度、生产、运行以及教学人员提供有价值的参考和有益的帮助。

中国科学院院士 卢强

2019 年 12 月

Foreword
前言

随着我国社会经济的快速发展及技术进步，特别是日益增长的能源消费，能源与环境问题的日益突出，煤炭、石油等化石燃料的大量使用对环境和全球气候所带来的影响使得人类可持续发展的目标面临严峻威胁，可再生能源受到国家及社会各界乃至世界各国越来越多的关注。为促进我国可再生能源的健康发展，2020年9月，习近平总书记提出了我国"双碳"目标。2021年3月15日，中央财经委第九次会议上对碳达峰、碳中和作出进一步部署，提出构建以新能源为主体的新型电力系统。这是自2014年6月提出"四个革命、一个合作"能源安全新战略以来，我国再次对能源发展作出的系统深入阐述，明确了新型电力系统在实现"双碳"目标中的基础地位，为我国能源电力发展指明了科学方向、明确了行动纲领、提供了根本遵循。

新型电力系统是以承载实现"双碳"目标、贯彻新发展理念、构建新发展格局、推动高质量发展的内在要求为前提，以确保能源电力安全为基本前提，以满足经济社会发展电力需求为首要目标，以最大化消纳新能源为主要任务，以坚强智能电网为枢纽平台，以"源网荷储"互动与多能互补为支撑，具有安全高效、清洁低碳、柔性灵活、智慧融合基本特征的电力系统。

构建以新能源为主体的新型电力系统，是党中央基于保障国家能源安全、实现可持续发展、推动"双碳"目标实施作出的重大决策部署，为新时期能源行业以及相关产业发展提供了重要战略指引，有利于加快我国构建清洁低碳、安全高效的现代能源体系步伐，推动经济社会绿色转型和高质量发展。

青海省清洁能源发展研究院根据青海省清洁能源开发进展情况，结合多年来在新型电力系统构建技术方面的研究创新工作以及对未来的技术展望，组织编写了本书。根据研究工作内容和本书编写需要，将本书分为概述、新型电力系统电源侧、新型电力系统5G数字化发展、新型电力系统负荷侧、新型电力系统储能侧等五个方面进行编写。本书是作者团队在多年新技术研究的基础上编写的一部专著，旨在系统地介绍已完成和正在进行的各项新技术研究工作，以及对新型电力系统建设进行展望。在本书的编写过程中，国网青海省电力公司清洁能源发展研究院给予大力支持，得到了国家能源局、国网青海省电力公司、国网青海省电力公司经济技术研究院、中国电力科学研究院有限公司的大力支持。

全书分5章，第1章概述，介绍新型电力系统发展背景、特征与内涵、政策分析、技术发展路径和青海技术路线探索；第2章新型电力系统电源侧，介绍电源侧结构、电源侧发展存在的问题、电源侧发展技术探索；第3章新型电力系统5G数字化发展，介绍5G网络架构、5G通信网络安全防护、5G应用场景及方案；第4章新型电力系统负荷侧，介绍负荷侧结构、负荷侧发展存在的问题、负荷侧发展技术探索；第5章新型电力系统储能侧，介绍储能技术现状、应用场景、发展路线探索和规模化应用实践。

新型电力系统正处在构建的探索时期，本书是一个初步技术路线的探索和思考，有待继续深入，诚望各界专家和广大读者提出意见和建议。同时，限于作者水平，书中难免有疏漏或错误之处，敬请读者批评指正。

作者

2023 年 9 月

Contents 目录

第 1 章

概　　述

1.1　新型电力系统发展背景

1.1.1　我国现有电力系统发展现状与问题

目前，我国已成为世界能源生产第一大国，构建了多元清洁的能源供应体系。我国电力系统发电装机总容量、非化石能源发电装机容量、远距离输电能力、电网规模等指标均稳居世界第一，电力规划设计、装备制造、施工建设、技术开发、标准规范、调控运行等方面均建立了较为完备的工业体系，为服务国民经济快速发展和保障人民生活水平不断提高的用电需求提供了有力支撑，为全社会清洁低碳发展奠定了坚实基础。

1.1.1.1　发展现状

（1）发电装机容量保持上升趋势。我国是全球最大的发电装机市场，装机规模与发电量均保持上升趋势。2010—2022 年，我国发电装机容量由 9.66 亿 kW 上升至 25.64 亿 kW，年均复合增速为 8.5%。其中，火电累计发电装机容量 13.32 亿 kW，占比 51.96%，仍然是最主要的发电形式，但是占比在逐渐下降；水电累计发电装机容量 4.14 亿 kW，占比 16.15%；风电累计发电装机容量 3.65 亿 kW，占比 14.24%；太阳能累计发电装机容量 3.93 亿 kW，占比 15.33%；核电累计发电装机容量 0.55 亿 kW，占比 2.15%。全国形成以东北、华北、西北、华东、华中（东四省、川渝藏）、南方六大区域电网为主体、区域间异步互联的电网格局，电力资源优化配置能力稳步提升。

（2）电力生产多元化发展。2010—2022 年，我国规模以上工业企业发电量由 4.14 万亿 kW·h 上升至 8.85 万亿 kW·h，年均复合增速为 6.1%。其中，以煤炭为主燃料的火电量依然占据首位，发电量为 58887.9 亿 kW·h，同比增长 1.4%，约为我国全社会发电量的 66.5%；水力发电量排第二，发电量为 13522 亿 kW·h，同比增长 1%，约为我国全社会发电量的 15.3%；风力发电量为 7626.7 亿 kW·h，同比增长 16.2%，约为我国全社会发电量的 8.6%；太阳能发电量为 4272.7 亿 kW·h，同比增长 31.2%，约为我国全社会发电量的 4.8%；核能发电量为 4177.8 亿 kW·h，同比增长 2.5%，约为我国全社会发电量的 4.7%。

（3）用电要求不断攀升。随着经济的快速发展和人民生活水平的提高，我国的用电需求不断攀升。全社会用电量从 2010 年的 4.19 万亿 kW·h 上升至 2022 年的 8.64 万亿 kW·h，年均复合增速为 6.2%；人均电力消费量由 2010 年的 3135kW·h 上升至 2021 年的 6032kW·h，年均复合增速为 6.1%；电力可靠性指标持续保持较高水平，用户平均供电可靠率约为 99.9%，农村电网供电可靠率达 99.8%。

（4）绿色低碳转型不断加速，电力系统调节能力持续增强。随着我国对可再生能源的重视和支持，太阳能、风能等绿色清洁能源装机容量不断增加，绿色清洁能源在电力系统中的占比逐渐提升，为实现绿色低碳转型提供了强有力的支持。截至 2022 年年底，发电企业积极推进煤电机组灵活性改建工作，新投产煤电机组调节能力进一步提高，煤电灵活性改造规模累计约 2.57 亿 kW；抽水蓄能装机规模达到 4579 万 kW；以电化学储能为代表的新型储能技术快速发展，度电成本持续下降，新型储能累计装机规模达到 870 万 kW，新能源消纳形势稳定向好，全国风电、光伏发电利用率分别达 96.8%、98.3%。

（5）市场化交易占比持续提升。目前市场化交易电量占比超 60%，其中中长期交易占比接近 80%。随着电力市场的不断完善和市场主体的增多，市场化交易电量占比持续提升。2022 年，全国各电力交易中心累计组织完成市场交易电量 52543.4 亿 kW·h，同比增长 39%，占全社会用电量的比重为 60.8%，同比提高 15.4 个百分点。我国的电力市场化交易主要为中长期交易，能够为电力企业、大型工业用户以及发电设备投资者提供长期交易的可靠保障，促进资源配置的合理性和市场稳定性。2022 年，全国电力市场中长期电力直接交易电量合计为 41407.5 亿 kW·h，同比增长 36.2%，占市场化交易电量的比重为 78.8%。其中，省内电力直接交易（含绿电、电网代购）电量合计为 40141 亿 kW·h，占中长期交易电量的比重为 96.9%。

（6）市场化电价机制初步形成。价格机制是市场化的核心，2019 年国家发展改革委出台了《关于深化燃煤发电上网电价形成机制改革的指导意见》（发改价格规〔2019〕1658 号），将实施多年的燃煤发电标杆上网电价机制，改为"基准价＋上下浮动"的市场化电价机制，各地燃煤发电通过参与电力市场交易，由市场形成价格。"基准价＋上下浮动"市场化电价机制的实施，推动了电力市场化进程，2020 年超过 70% 的燃煤发电电量通过市场交易形成上网电价。2021 年，国家发展改革委印发《关于进一步深化燃煤发电上网电价市场化改革的通知》（发改价格〔2021〕1439 号），提出燃煤发电电量原则上全部进入电力市场，并要求各地要有序推动工商业用户全部进入电力市场，按照市场价格购电，取消工商业目录销售电价。目前尚未进入市场的用户，10kV 以上的用户要全部进入，其他用户也要尽快进入。此次改革将推动建立"能涨能跌"的市场化电价机制，是电力市场化改革又迈出的重要一步，有利于缓解当前燃煤发电企业经营困难的状况，保障电力安全稳定供应。

1. 1. 1. 2　面临的问题

（1）电力系统可靠装机容量不足，负荷增速高于可靠容量增速。用电负荷方面，随着我国经济复苏向好，加上近年来极端天气频发，用电需求和负荷快速增长。据中国电力企业联合会预测，2023 年夏季全国最高用电负荷将比 2022 年增加 8000 万～1亿 kW。而电力供应方面，近年来风光装机增速较高，而火电、水电等可靠性电源的装机增速趋缓。由于新能源发电特性与负荷用电特性在日内、日、月时间尺度均无法有效匹配，且出力波动较大，风电、光伏发电的受阻系数分别高达 95％和 100％，导致实际增加的稳定有效供应能力低于最大负荷增加量。叠加降水、风光资源、燃料供应等方面的不确定性，我国电力供需将持续面临紧平衡的局面。

（2）系统调节和支撑能力提升面临诸多掣肘，新能源消纳形势严峻，运行成本将进一步增加。随着新能源比例的不断提高，电力系统灵活调节资源迅速消耗。新能源的间歇性、随机性和波动性特点使得电力系统调节变得更加困难，系统平衡和安全问题更加突出。一些大型新能源基地存在网架薄弱和缺乏同步电源支持的情况，导致系统支撑能力不足，新能源的安全可靠外送受到影响。近年来，全国的新能源利用率整体上保持较高水平，但仍存在消纳基础不够牢固的问题，一些地区仍面临较为严峻的风光消纳问题。例如，2022 年，蒙东地区弃风率高达 10％，青海、蒙西、甘肃等省份弃风率超过 5％，西藏弃光率高达 20％，青海弃光率近 9％。此外，海外研究表明，新能源电量渗透率超过 15％后，将引发电源、电网等系统成本大幅上涨，这些成本需要在终端用户电价中疏导。

（3）电力系统"双高"特性凸显，安全稳定运行面临较大风险。随着大规模可再生能源的接入及负荷侧的再电气化过程，大量特性各异的电源、负荷、储能等装备以电力电子为接口接入现有电力系统，使电力系统向着高比例可再生能源和高比例电力电子设备的"双高"趋势快速发展。相较传统电力系统，"双高"电力系统中同步发电机逐步被电力电子设备替代，系统内的传统调频资源逐渐稀缺，总体有效惯量将逐渐减少，系统抗扰动能力降低，电网将承受较大潮流波动压力，频率控制难度进一步加大。此外，风光发电出力极不稳定，在极端气候下可能停机甚至脱网，加大了电网供需失衡的风险。

（4）电力调度方式难以完全适应新形势、新业态，调控技术手段、调度机制、信息安全防护等亟待升级。随着数量众多的新能源、分布式电源、新型储能、电动汽车等接入电力系统，电力系统信息感知能力不足，现有调控技术手段无法做到全面可观、可测、可控，调控系统管理体系不足以适应新形势发展要求。当前电力调度方式主要是面向常规电源为主的计划调度机制，尚不能适应电力市场环境下交易计划频繁调整，不能适应高比例新能源并网条件下源网荷储"多向互动"的灵活变化。电力系统作为重要基础设施，已成为网络攻击的重要目标，信息安全防护形势更加复杂严峻，调度系统的信息安全防护能力亟须提升。

1.1.2　新型电力系统的提出

2020 年 9 月 22 日，习近平总书记在七十五届联合国大会一般性辩论上的讲话中宣布："中国将提高国家自主贡献力度，采取更加有力的政策和措施，二氧化碳排放力争于 2030 年前达到峰值，努力争取 2060 年前实现碳中和。"2020 年 12 月 12 日，习近平总书记在气候雄心峰会上通过视频发表题为"继往开来，开启全球应对气候变化新征程"的重要讲话，提出："到 2030 年，中国单位国内生产总值二氧化碳排放将比 2005 年下降 65% 以上，非化石能源占一次能源消费比重将达到 25% 左右，森林蓄积量将比 2005 年增加 60 亿立方米，风电、太阳能发电总装机容量将达到 12 亿千瓦以上。"继续强调"双碳"目标的重要性。

"双碳"目标的提出意味着我国将深入推进能源清洁低碳转型，能源的生产、消费和利用呈现新的发展趋势，能源主体调整带来电源主体的颠覆性变化，能源深度脱碳带来社会生产生活用能方式转变，能源能效提升带来以电为枢纽的能源资源配置方式的改变，这必将给电力系统的电源结构、负荷特性、电网形态、技术基础以及运行特性带来深刻变化。为此，2021 年 3 月 15 日下午，习近平总书记主持召开中央财经委员会第九次会议指出："'十四五'是碳达峰的关键期、窗口期……要构建清洁低碳安全高效的能源体系……深化电力体制改革，构建以新能源为主体的新型电力系统。"会议首次提出"新型电力系统"的概念。

实现"双碳"目标，是贯彻新发展理念、构建新发展格局、推动高质量发展的内在要求，是党中央统筹国内国际两个大局作出的重大战略决策，是着力解决资源环境约束突出问题、实现中华民族永续发展的必然选择，是构建人类命运共同体的庄严承诺。实现"双碳"目标任重道远，必须完整准确全面贯彻新发展理念，把党中央决策部署落到实处。

在我国的二氧化碳排放总量中，能源生产和消费相关活动碳排放占比较高，推进能源绿色低碳转型是实现"双碳"目标的关键，研究促进平台经济健康发展问题和实现碳达峰、碳中和的基本思路和主要举措，提出要把碳达峰、碳中和纳入生态文明建设整体布局，倡导简约适度、绿色低碳生活方式，构建以新能源为主体的新型电力系统。

因为传统电力行业主要是以火电为主，电力行业二氧化碳的排放量占据我国二氧化碳总排放量的四成左右，其次排放二氧化碳较多的是工业、建筑业和交通运输业，电力行业占比是最高的；所以要实现"双碳"目标，电力行业自然要转型，由传统电力系统向新型电力系统转变。新型电力系统与传统电力系统主要有以下差异：

（1）系统架构方面，传统电力系统属大电网、同步电网；新型电力系统主要以"大电网＋主动配电网＋微电网"形态为主。

（2）系统规模方面，传统电力系统电源单体规模大，以集中式为主，总体数量较少；新型电力系统渗透大量新能源，来源丰富，单体规模虽小但数量庞大。

（3）系统形态方面，传统电力系统功能、界限分明；新型电力系统则"源网荷储用"相互融合、互动、转换。

（4）动作特征方面，传统电力系统机电设备动作时间长（秒～分钟级），稳定性高；新型电力系统电力电子设备动作时间短（微秒级），频域分布广，波动性和随机性强。

（5）负荷侧管理方面，新型电力系统负荷侧从传统电力系统单纯的消费者转变为"生产者＋消费者"，负荷特征随时相互转换，计划和预测具有不确定性。

（6）系统安全方面，传统电力系统发输配用各功能明确，易控制；新型电力系统功能复杂，需构建起从元件到系统的新型网络安全体系。

这些形态、特性甚至市场机制的差异，让新型电力系统必须具备系统柔性可控、能量动态平衡，因此需从顶层设计、政策体系到技术创新等环节对电力系统进行重新构建。

简而言之，新型电力系统需要清洁化、低碳化、智能化。新型电力系统实际上是我国传统电力系统的升级。只不过升级的维度比较宽泛，既包括供给侧，又包括用电侧、电网侧，是全系统的全面升级。传统电力系统向新型电力系统转变特征如图1-1所示。

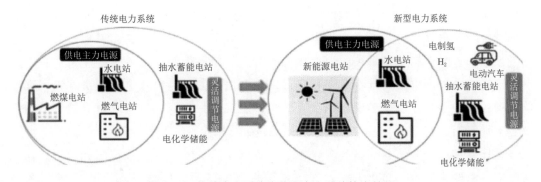

图1-1 传统电力系统向新型电力系统转变特征

当前，我国正处于工业化后期，经济对能源的依赖程度高，而我国能源消费以化石能源为主，2020年化石能源占一次能源比重达84％。"双碳"目标下，我国能源结构将加速调整，清洁低碳发展特征愈加突出。随着经济社会的转型发展和能源利用效率的不断提升，能源消费总量将会在碳排放量达到峰值后逐步下降，但电能消费总量一直呈上升趋势，预计将从 2020 年的 7.5 万亿 kW·h 增长至 2060 年的 15 万亿～18 万亿 kW·h。新能源将迎来跨越式发展的历史机遇，成为电能增量的主力军，实现从"补充能源"向"主体能源"的转变。预计到 2030 年，风电、光伏装机规模超 16 亿 kW，装机占比从 2020 年的 24％增长至 47％左右，新能源发电量约 3.5 万亿 kW·h，占比从 2020 年的 13％提高至 30％。2030 年后，水电、核电等传统非化石能源受资源和站址约束，建设将逐步放缓，新能源发展将进一步提速。预计到 2060 年，风电、光伏装机规模超 50 亿 kW，装机占比超 80％，新能源发电量超 9.6 万亿 kW·h，占比超 60％，成为电力系统的重要支撑。

在新能源快速向"主体能源"转变的过程中，深化电力体制改革、构建新型电力系统是党中央基于保障国家能源安全、实现可持续发展、推动"双碳"目标实施作出的重大决策部署，为新时期能源行业以及相关产业发展提供了重要战略指引，有利于加快我国构建清洁低碳、安全高效的现代能源体系步伐，推动经济社会绿色转型和高质量发展。

1.2 新型电力系统特征与内涵

构建新能源占比逐渐提高的新型电力系统，要大幅提升光伏、风电等新能源发电的比例，核心是高比例可再生能源叠加高比例电力电子设备，将根本改变目前以化石能源为主的发展格局。新型电力系统以低碳、清洁、高效、安全为基本特征，以高比例可再生能源和电气化、新型储能、氢能、分布式能源、智能电网、先进输发电技术、数字技术和新型商业模式、灵活电力市场等为支撑，是推动能源革命、保障能源供应安全的重要战略举措，是推动绿色能源技术创新发展、提升能源产业基础能力和产业链现代化水平的重要抓手，是以承载实现"双碳"目标，贯彻新发展理念、构建新发展格局、推动高质量发展的内在要求为前提，确保能源电力安全为基本前提，以满足经济社会发展电力需求为首要目标，以最大化消纳新能源为主要任务，以坚强智能电网为枢纽平台，以"源网荷储"互动与多能互补为支撑，具有安全高效、清洁低碳、柔性灵活、智慧融合基本特征的电力系统。

构建新型电力系统必须要着眼于整个能源行业的系统性变革，重塑我国现有能源的供应、运输、消费、储存方式，保留我国现有能源系统安全可靠、经济性好的特点，在此基础上，实现能源消费的电气化、清洁化、高效化，大幅提高我国能源电力行业的软实力和国际影响力。

1.2.1 主要特征

新型电力系统是以确保能源电力安全为基本前提，以满足经济社会高质量发展的电力需求为首要目标，以高比例新能源供给消纳体系建设为主线任务，以"源网荷储"多向协同、灵活互动为坚强支撑，以坚强、智能、柔性电网为枢纽平台，以技术创新和体制机制创新为基础保障的新时代电力系统，是新型能源体系的重要组成和实现"双碳"目标的关键载体。新型电力系统具备安全高效、清洁低碳、柔性灵活、智慧融合四大重要特征，其中安全高效是基本前提，清洁低碳是核心目标，柔性灵活是重要支撑，智慧融合是基础保障，它们共同构建了新型电力系统的"四位一体"框架体系。新型电力系统四大基本特征如图 1-2 所示。

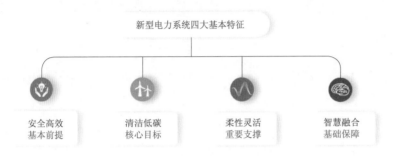

图 1-2　新型电力系统四大基本特征

（1）安全高效是构建新型电力系统的基本前提。新型电力系统中，新能源通过提升可靠支撑能力逐步向系统主体电源转变。煤电仍是电力安全保障的"压舱石"，承担基础保障的"重担"。多时间尺度储能协同运行，支撑电力系统实现动态平衡。"大电源、大电网"与"分布式"兼容并举、多种电网形态并存，共同支撑系统安全稳定和高效运行。适应高比例新能源的电力市场与碳市场、能源市场高度耦合，共同促进能源电力体系的高效运转。

（2）清洁低碳是构建新型电力系统的核心目标。新型电力系统中，非化石能源发电将逐步转变为装机主体和电量主体，多种清洁能源协同互补发展，化石能源发电装机及发电量占比下降的同时，在新型低碳零碳负碳技术的引领下，电力系统碳排放总量逐步达到"双碳"目标要求。各行业先进电气化技术及装备发展水平取得突破，电能替代在工业、交通、建筑等领域得到较为充分的发展。电能逐步成为终端能源消费的主体，助力终端能源消费的低碳化转型。绿电消费激励约束机制逐步完善，绿电、绿证交易规模持续扩大，以市场化方式发现绿色电力的环境价值。

（3）柔性灵活是构建新型电力系统的重要支撑。新型电力系统中，不同类型机组的灵活发电技术、不同时间尺度与规模的灵活储能技术、柔性交直流等新型输电技术广泛应用，骨干网架柔性灵活程度更高，支撑高比例新能源接入系统和外送消纳。同时，随着分布式电源、多元负荷和储能的广泛应用，大量用户侧主体兼具发电和用电双重属性，终端负荷特性由传统的刚性、纯消费型，向柔性、生产与消费兼具型转变，"源网荷储"灵活互动和需求侧响应能力不断提升，支撑新型电力系统安全稳定运行。辅助服务市场、现货市场、容量市场等多类型市场持续完善、有效衔接融合，体现灵活调节性资源的市场价值。

（4）智慧融合是构建新型电力系统的基础保障。新型电力系统以数字信息技术为重要驱动，呈现数字、物理和社会系统深度融合特点。为适应新型电力系统海量异构资源的广泛接入、密集交互和统筹调度，"云大物移智链边"等先进数字信息技术在电力系统各环节广泛应用，助力电力系统实现高度数字化、智慧化和网络化，支撑"源网荷储"海量分散对象协同运行和多种市场机制下系统复杂运行状态的精准感知和调节，推动以电力为核心的能源体系实现多种能源的高效转化和利用。

1.2.2 基本内涵

新型电力系统需在原有能源系统的基础上实现系统性升级，努力解决发展短板，继续发挥长板优势。由新型电力系统的主要特征进行分析，新型电力系统的内涵主要体现在全面支撑性、系统平衡性、综合高效性、科技创新性以及国际引领性等方面。

（1）全面支撑性指我国全面实现电代煤、电代油、电代气，建筑、交通、工业等领域终端用能电气化率大幅提升，电力消费中非化石能源占据绝对主导地位。电力行业的相关清洁技术能够助力全社会难以电气化领域的深度脱碳，全方位支撑我国实现"双碳"目标和社会主义现代化强国建设。

（2）系统平衡性指我国突破能源系统的"不可能三角"，实现电力供应的安全可靠、经济可负担和清洁低碳。具体如下：

1）安全可靠指国内有充足、稳定、可持续的电力供给，户均停电频率和停电时间低，且上游设备制造所需的稀土资源和矿产资源供应安全水平高，能够抵御和化解国内外各种政治、经济、突发自然灾害等因素造成的供应中断风险。电力上中下游都拥有较高程度的多样性和灵活调配水平，"源网荷储"协调发展水平高，能够根据供需变化和内外部的经济社会发展形式的变化及时灵活地调整和匹配。

2）经济可负担指电力价格长期稳定且终端用户可承受，能够支撑国内社会经济高质量发展和人民生活水平的持续提高。电力价格的国际竞争力强，投资回报率高，有效吸引国际投资与合作。

3）清洁低碳指电力的开发利用以光伏、风电、水电、核电、氢电、生物质、地热、海洋能等绿色无污染的清洁能源为主。清洁能源设备的制造、加工和处理环节产生较小的环境污染和温室气体排放问题。

（3）综合高效性指清洁能源装备的转换效率高、弃电率低。电力设备生产制造环节的能耗低、污染小，废弃资源的循环综合利用水平高。电力行业有高效运转的市场机制和科学健全的监管体系，实现资源的最优化配置和维护市场主体的合法权益。电力行业的发展以服务需求侧为导向，综合能源服务水平高，终端用能效率高，与新一代信息技术和智能技术高度融合。

（4）科技创新性指电力行业全产业链各个环节能够采用先进的科学技术、保持领先的技术水平，在前瞻性技术研发方面持续保持较高的投入，建立国际领先的技术优势，保持充足的技术储备，推动世界能源技术革命。

（5）国际引领性指在电力进出口、装备投资贸易、国际标准制定、国际产能合作以及气候变化事务上，国家具有较强的影响力、发言权和支配权，拥有世界一流的新能源和电力企业，且在重要的国际能源和电力组织中充当贡献者和引领者的角色。

1.2.3　面临挑战

在构建新型电力系统的过程中，"源网荷储"的各个方面将会面临巨大的挑战，主要有以下几个方面：

（1）电力电量平衡问题。新型电力系统以风电、光伏发电等新能源为主体，由于新能源发电固有的随机性、波动性和间歇性，会导致电力系统电力不平衡，另外新能源发电与用电季节性不匹配，导致电力系统将呈现"一低、两高、双峰、双随机"的特点，季节性电量平衡问题将会越发明显。

（2）系统安全稳定问题。新能源主要通过电力电子装置并入电网，电力系统会呈现低系统转动惯量、高比例新能源＋高比例电力电子装备、电压支撑和过流耐受能力弱等特点，将会加剧电力系统宽频振荡以及其他各类安全稳定问题，易引发电力系统各类故障甚至脱网事故。

（3）调度运行与控制问题。新型电力系统涉及"源网荷储"的各个方面，在电力系统统一调度下，控制调整"源网荷储"各类设备状态，保障系统有功功率、无功功率实时平衡，频率、潮流、电压等各项参数在安全范围内，实现系统安全、经济、高效运行是重中之重。但是随着"源网荷储"各环节的海量数据接入，电力系统的调度运行与控制面临着巨大挑战。

构建新型电力系统是实现"双碳"目标的重要举措，在新型低碳零碳负碳技术引领下，以能耗双控、绿电配额制和碳市场约束为约束条件，实现"源网荷储"各环节用户清洁低碳用能，保障绿电、绿证交易规模持续扩大。

1.2.4　重要意义

我国能源领域的碳排放量占到全国碳排放总量的 85% 以上，其中电力行业碳排放量占我国总碳排放量的四成左右。构建以新能源为主体的新型电力系统对经济社会发展意义重大。

（1）有助于确保"双碳"目标实现。电能是现代能源系统的核心，通过打造以新能源为主体的新型电力系统，能更高效推进清洁能源在能源生产侧的替代，以及更大范围推进电能在能源消费侧的替代，加快高碳电力系统向低碳或零碳电力系统转变，这是确保实现"双碳"目标不可或缺的环节。

（2）有助于缓解区域经济发展不平衡，助力西部地区实现乡村振兴。电力系统是乡村振兴的重要基础和前提条件，过去，乡村通过电网建设解决了生活生产用电问题，当下，新时代、新阶段赋予了电力系统新的使命。一是在电力系统改造以及光伏、风电建设等项目推动下，加大对乡村地区基础设施投资；二是保障家庭农场、农产品就地加工、乡村旅游等新业态用电需求，提高电网效率；三是加快乡村电气化替代，逐步淘汰燃煤锅炉、燃气燃煤粮食烘干等落后的能源利用方式，减少油污排放，助力"美丽乡村"建设。

（3）有助于促进国际交流合作，打造外交关系新的突破口。依托我国巨大的新能源消费市场和广阔的电力系统升级改造空间，在绿色产业、技术创新、和谐文化和生态文明等领域打造新的合作共享平台，有助于推动与国际社会的产业技术合作和人文交流。同时，积极应对全球气候变化、持续推进全球气候治理是我国践行构建人类命运共同体承诺的重要举措，为全球生态文明建设提供了"中国方案"。未来，我国会高度重视发展中国家的关切与诉求，借助"一带一路"重点项目，帮助"一带一路"合作伙伴建设绿色能源、绿色电力等基础设施，帮助他们在发展中实现绿色低碳转型。

（4）有助于促进能源结构调整优化，保障国家能源安全。当前，我国能源结构以高碳的化石能源为主体，对外依存度高，能源安全形势严峻，迫切需要加快能源结构调整优化，增加能源自主供应。从能源条件来看，我国风能、太阳能等清洁能源资源丰富，但东西部地区资源分布不平衡，未来，必将形成西部地区集中式发展、东部地区分布式发展的新能源开发布局。如此格局下，现有电力系统无法应对大规模的新能源发电接入，只有建立新型电力系统，才能适应各种清洁能源的大规模开发和远距离输送，更有效利用丰富的风电、光电资源，逐步提高清洁能源在一次能源消费结构中的占比，保障国家能源供给安全。

（5）有助于推动绿色产业革命，促进经济发达地区制造业创新发展。一方面，新型电力系统有利于促进我国丰富的风能、太阳能资源开发利用，在保障工业发达地区用电安全和稳定的同时降低用电成本，使制造业等相关产业在国际上更具竞争优势，使一些目前受限于能源成本的创新技术开发具备经济可行性，例如电解水制氢等。另一方面，新型电力系统的规划和建设还将有效带动相关原材料、电力设备、电力电子器件、系统设计和施工等产业链上下游企业技术创新和转型升级。

1.3　新型电力系统政策分析

"双碳"目标背景下，新型电力系统相关政策频发，持续引导新能源并网，从并网方向及技术逐步细化到电力调度与网络结构。首先，国家从"双碳""双降"角度出发，对网源协同规划、需求侧响应、电力市场化改革、行业标准等方面加强了顶层机制设计；其次，相关部委、电网公司近年在能源政策上发布了一系列对未来新型电力系统发展规划、技术应用、运行模式等指导意见；另外，各地方也根据当地能源状况和发展需求，对可再生能源行业发展扶持、基础设施建设、电网升级改造、技术创新、产业链布局、项目试点示范等方面制定了具体实施方案和引领性指标。涉及新型电力系统的部分国家政策见表1-1，涉及新型电力系统的部分地方政策见表1-2。

表 1-1   涉及新型电力系统的部分国家政策

发布时间 /(年.月.日)	发布机构	政策名称	相 关 内 容
2021.7.15	国家发展改革委、国家能源局	关于加快推动新型储能发展的指导意见（发改能源规〔2021〕1051号）	到2025年，实现新型储能从商业化初期向规模化发展转变。新型储能技术创新能力显著提高，核心技术装备自主可控水平大幅提升，在高安全、低成本、高可靠、长寿命等方面取得长足进步，标准体系基本完善，产业体系日趋完备，市场环境和商业模式基本成熟，装机规模达3000万kW以上。新型储能在推动能源领域实现碳达峰、碳中和中发挥显著作用。到2030年，实现新型储能全面市场化发展
2021.11.29	国家能源局、科学技术部	"十四五"能源领域科技创新规划（国能发科技〔2021〕58号）	引领新能源占比逐渐提高的新型电力系统建设，支撑在确保安全的前提下积极有序发展核电，推动化石能源清洁低碳高效开发利用，促进能源产业数字化智能化升级，适应高质量发展要求的能源科技创新体系进一步健全
2021.12.29	国家能源局、农业农村部	加快农村能源转型发展助力乡村振兴的实施意见（国能发规划〔2021〕66号）	到2025年，建成一批农村能源绿色低碳试点，风电、太阳能、生物质能、地热能等占农村能源的比重持续提升，农村电网保障能力进一步增强，分布式可再生能源发展壮大，绿色低碳新模式新业态得到广泛应用，新能源产业成为农村经济的重要补充和农民增收的重要渠道，绿色、多元的农村能源体系加快形成
2022.1.24	国务院	"十四五"节能减排综合工作方案（国发〔2021〕33号）	全面推进电力需求侧管理，鼓励采用能源费用托管等合同能源管理模式，到2025年，健全节能减排政策机制，推动能源利用效率大幅提高、主要污染物排放总量持续减少，实现节能降碳减污协同增效、生态环境质量持续改善
2022.1.29	国家发展改革委、国家能源局	"十四五"现代能源体系规划（发改能源〔2022〕210号）	着力增强能源供应链安全性和稳定性，着力推动能源生产消费方式绿色低碳变革，着力提升能源产业链现代化水平，加快构建清洁低碳、安全高效的能源体系，加快建设能源强国
2022.1.30	国家发展改革委、国家能源局	关于完善能源绿色低碳转型体制机制和政策措施的意见（发改能源〔2022〕206号）	"十四五"时期，基本建立推进能源绿色低碳发展的制度框架，形成比较完善的政策、标准、市场和监管体系，构建以能耗"双控"和非化石能源目标制度为引领的能源绿色低碳转型推进机制。到2030年，基本建立完整的能源绿色低碳发展基本制度和政策体系，形成非化石能源既基本满足能源需求增量又规模化替代化石能源存量、能源安全保障能力得到全面增强的能源生产消费格局

发布时间 /（年.月.日）	发布机构	政策名称	相 关 内 容
2022.3.4	科技部等九部门	"十四五"东西部科技合作实施方案（国科发区〔2022〕25号）	深化跨区域科技合作机制，健全东西部科技合作体系，推动资源共享、人才交流、平台联建、联合攻关、成果转化和产业化，形成优势互补、高效协同的跨区域科技创新合作新局面。到2025年，西部地区科技创新能力显著提升，东部地区科技创新外溢效应更加明显，创新链产业链跨区域双向融合更加紧密，科技创新对经济社会高质量发展的引领作用显著增强，有力支撑构建以国内大循环为主体、国内国际双循环相互促进的新发展格局
2022.5.30	国务院办公厅	关于促进新时代新能源高质量发展的实施方案（国办函〔2022〕39号）	创新新能源开发利用模式，加快推进以沙漠、戈壁、荒漠地区为重点的大型风电光伏基地建设，引导全社会消费新能源等绿色电力；加快构建适应新能源占比逐渐提高的新型电力系统，全面提升电力系统调节能力和灵活性，稳妥推进新能源参与电力市场交易
2022.10.9	国家能源局	能源碳达峰碳中和标准化提升行动计划	到2025年，建立完善以光伏、风电为主的可再生能源标准体系，研究建立支撑新型电力系统建设的标准体系，加快完善新型储能标准体系，有力支撑大型风电光伏基地、分布式能源等开发建设、并网运行和消纳利用。到2030年，建立起结构优化、先进合理的能源标准体系，能源标准与技术创新和产业转型紧密协同发展，能源标准化有力支撑和保障能源领域碳达峰、碳中和
2022.11.25	国家能源局	电力现货市场基本规则（征求意见稿）	推动储能、分布式发电、负荷聚合商、虚拟电厂和新能源微电网等新兴市场主体参与交易
2023.6.2	国家能源局	新型电力系统发展蓝皮书	锚定2030年前实现碳达峰、2060年前实现碳中和的战略目标，基于我国资源禀赋和区域特点，以2030年、2045年、2060年为新型电力系统构建战略目标的重要时间节点，制定新型电力系统"三步走"发展路径

表 1－2 涉及新型电力系统的部分地方政策

发布时间 /（年.月.日）	行政区	政策名称	相 关 内 容
2022.1.11	上海市	2022年扩大有效投资稳定经济发展的若干政策措施（沪府办〔2022〕4号）	出台新一轮可再生能源、充换电设施扶持政策，加快各行业领域"光伏＋"综合开发利用
2021.12.23	浙江省	浙江省智能电气产业集群发展指导意见（2021—2025年）（浙经信装备〔2021〕208号）	开发工商业用储能系统一体机、新一代电网级储能集装箱、双向电源换向开关智能储电系统、满足工业智能配网需求的智能控制器、适用于智能网联配电环节的智能断路器
2022.1.12		新型电力系统省级示范区建设方案	以"首台首套首面首域"创新实践体现引领性和示范性，构建具有受端融合、分布式集聚、高弹性承载、新机制突破、数字化赋能等新型电力系统
2022.2.17		关于完整准确全面贯彻新发展理念做好碳达峰碳中和工作的实施意见	制定碳达峰、碳中和技术路线图，统筹推进氢能制储输用全链条发展，加快储能设施建设，鼓励"源网荷储"一体化等应用

续表

发布时间 /（年.月.日）	行政区	政 策 名 称	相 关 内 容
2022.1.18	江苏省	关于加快建立健全绿色低碳循环发展经济体系的实施意见（苏政发〔2022〕8号）	到2025年，产业结构、能源结构、交通运输结构、用地结构明显优化，绿色产业比重显著提升，基础设施绿色化达到新水平，生产生活方式绿色转型成效明显，市场导向的绿色技术创新体系更加完善，法规政策体系更加有效，绿色低碳循环发展的生产体系、流通体系、消费体系初步形成
2022.1.20	重庆市	关于加快构建"渝电特色 国网示范"新型电力系统的意见（渝电发〔2022〕1号）	规划碳电耦合等"八大重点方向研究""故障零闪"智慧配电网、全景感知山城电力动脉等"八项重点示范项目"
2022.4.26	山西省	加快建立健全全省绿色低碳循环发展经济体系的实施意见（晋政发〔2022〕12号）	构建清洁低碳安全高效的能源体系，推动传统能源绿色转型，大力发展新能源和清洁能源，推进抽水蓄能和新型储能
2022.2.15		山西省新型基础设施建设三年行动计划（2021—2023）	加快数据中心绿色高质量发展，有序推进新型数据中心、边缘计算资源池等智能算力基础设施建设，构建一体化大数据中心体系；加快发展工业互联网，推进智慧交通物流协同高效，支持工业企业运用先进适用技术，构建清洁高效智慧能源系统
2023.1.30	广西壮族自治区	关于印发广西壮族自治区碳达峰实施方案的通知（桂政发〔2022〕37号）	"十四五"期间，产业结构和能源结构调整优化取得明显进展，新型电力系统加快构建，绿色低碳技术研发和推广应用取得新进展；"十五五"期间，经济社会发展全面绿色转型取得明显成效，产业结构持续优化，清洁低碳安全高效的能源体系初步建立，绿色低碳循环发展政策体系基本健全
2022.7.20	青海省	青海省"十四五"能源发展规划（青发改能源〔2022〕519号）	提升配电网柔性开放接入、灵活控制和抗扰动等能力，服务分布式电源、储能、电动汽车充电、电采暖等多元化负荷接入需求
2022.2.18	内蒙古自治区	内蒙古自治区"十四五"能源技术创新发展规划（内政办发〔2022〕16号）	示范应用"源网荷储"一体化、新一代系统友好型新能源电站、新能源与储能和灵活性负荷融合的虚拟电厂等技术

　　国家及各地方政府发布的新型电力系统相关政策，表明在构建新型电力系统过程中，技术创新一直是传统电力系统向新型电力系统转变的强有力支撑。2021年12月，清华大学主导编撰的《新型电力系统技术研发报告》发布，该报告从源、网、荷、储、通用等角度列出了5大项新型电力系统关键技术及其28个小项的技术。2021年6月，中国南方电网有限公司发布了首批41项新型电力系统专项创新项目，其中包括大规模新能源承载能力评估、分布式可再生能源全景监控与互动调控、电力电量平衡与消纳、中压直流配电等关键技术，2022年还向全社会公开征集新型电力系统亟须研发的新技术。国家电网有限公司也公布了分布式电源公共连接点专用控制终端的开发及应用、智能配电网分布式快速故障自愈技术及应用、新能源并网发电远程测试技术

及应用、主动配电网多元协同优化与自愈控制关键技术、广域同步智能配网状态监测系统等 2021 年涉及新型电力系统在内的新技术评选结果，并明确提出，要深入实施新型电力系统科技攻关计划。

随着能源需求的不断增长和环境问题的日益严重，新型电力系统成为了国内外能源领域的热门话题，而相关政策则是构建新型电力系统的重要依据。我国政府积极推进新型电力系统建设，旨在实现能源供应的可持续性、经济性、安全性和环保性，目前的大部分政策主要有以下目标：

（1）推进清洁能源发展。新型电力系统政策的首要目标是推进清洁能源发展。与传统的化石能源相比，清洁能源具有环保、可持续、低碳等优势。因此，政府将大力发展清洁能源，减少对传统化石能源的依赖，实现能源的可持续发展。

（2）提高能源利用效率。目前，我国能源利用效率较低，需要消耗大量的能源才能实现相应的生产和生活需求。因此，政府将加强能源管理，推广节能技术，提高能源利用效率，减少能源浪费，降低能源消耗。

（3）保障能源供应安全。能源供应安全是国家经济、社会和国防安全的重要保障。政府将加强能源规划和管理，建设能源储备体系，提高能源供应的稳定性和可靠性，确保能源供应的安全性。

（4）推进能源市场化改革。能源市场化改革是推进能源供给侧结构性改革的重要举措，有助于优化能源产业结构，提高资源配置效率，促进能源产业转型升级。政府将推动能源市场化改革，加强市场监管，促进公平竞争，推动能源产业的健康发展。

1.4　新型电力系统技术发展路径

为加快建设新型电力系统，推动能源清洁低碳高效利用，从电源侧、电网侧、负荷侧、储能侧开展电力供应、新能源开发利用、储能规模化布局应用、电力系统智慧化运行等方面技术研究与应用。

1.4.1　电源侧

电源侧：构建以新能源为主、煤电为辅、其他电源互补的绿色低碳多元化电力供应结构。

（1）在"双碳"目标下，新能源产业将迎来高质量、跨越式发展，电力装机占比将大幅提升，逐步成为电力系统中的新增装机主体乃至电量供给主体，煤电逐步成为调节性电源。同时，为充分发挥多能互补优势，统筹水电开发和生态保护，积极安全有序发展核电，大力推动新能源开发建设，按需合理布局清洁高效火电，因地制宜发展生物质能发电，构建多元绿色低碳电源供应结构。

（2）能源转型是实现"双碳"目标的关键任务，加快绿色低碳转型、实现"双碳"目标已然势不可挡，绿色低碳转型离不开煤电转型。为加快煤电转型，在新型电力系统建设期内，推动煤电灵活性改造和抽汽蓄热改造，加大煤电超低排放改造、节能改造和供热改造力度，推广机组新型节能降碳技术，加快开展新型碳捕集、利用与封存（Carbon Capture，Utilization and Storage，CCUS）技术研发及全流程系统集成和示范应用。同时，重点围绕送端大型新能源基地、主要负荷中心、电网重要节点，优化低碳型煤电项目布局，推动煤电灵活低碳发展。

（3）以"新能源＋"模式，加快提升新能源安全可靠替代能力。深度融合长时间尺度新能源资源评估和功率预测、智慧调控、新型储能等技术应用，推进新能源与调节性电源的多能互补，实现新能源与储能协调运行，大幅提升发电效率和可靠出力水平，提升新能源主动支撑能力，使新能源逐步具备与常规电源相近的涉网性能。

（4）推动沙漠戈壁荒漠地区新能源基地化、主要流域可再生能源一体化、海上风电集约化开发。重点围绕沙漠戈壁荒漠地区推动大型风电、光伏基地建设，结合清洁高效煤电、新型储能、光热发电等调节支撑性资源，形成多能互补的开发建设形式，探索建立新能源基地有效供给和电力有效替代新模式。

1.4.2　电网侧

电网侧要以分布式智能微电网、电力系统平衡、特高压输变电推动新能源高效消纳。

（1）推动分布式智能微电网大规模开发应用，促进分布式新能源并网消纳。微电网作为大电网的可控负荷，针对分布式新能源并网消纳、边远地区供电保障、工商业园区个性化用能需求等典型场景，提升分布式新能源可控可调水平，完善"源网荷储"多元要素互动模式，满足更高比例分布式新能源消纳需求，推动局部区域电力电量自平衡。

（2）以"就地平衡、就近平衡，跨区平衡互济"为原则，实现远距离输电与就地平衡兼容并蓄。西部、北部地区加大就地负荷建设，提升新能源就地消纳利用规模，加快建设送端配套电源，实现跨省跨区输电通道合理利用，提升新能源外送水平，提高新能源消纳率；东部、中部地区加强受端电网网架建设，支撑外来输电通道坚强运行，提升系统安全稳定运行水平。

（3）发挥电网资源配置作用，推动主网架体质升级，特高压输电柔性化发展，支撑高比例新能源高效开发利用。加强跨省跨区输电通道建设，提升电力资源优化配置能力，加强送、受端交流电网，补齐电网薄弱环节。结合新型输电技术，推动特高压直流输电柔性化建设与改造，优化网架结构，形成分层分区、柔性发展、适应性强的主干网架。

1.4.3 负荷侧

负荷侧要推动"源随荷动"转向"源网荷互动",提升用户侧灵活调节能力和新能源消纳。

(1)通过整合负荷侧需求响应资源,将"源网荷储"以分布式形式纳入需求侧响应范围。推动可中断负荷、可控负荷参与电网调峰、调频、调压等稳定控制,发展"源网荷储"一体化、负荷聚合服务、综合能源服务、虚拟电厂等贴近终端用户的新业态新模式,整合分散需求响应资源,实现负荷精准控制和用户精细化用能管理。

(2)挖掘用户侧新能源消纳潜力,推动交通、建筑、工业等多个领域清洁能源电能替代。推动新能源、氢燃料电池汽车全面替代传统能源汽车积极推广建筑光伏一体化清洁替代,加快电炉钢、电锅炉、电窑炉、电加热等技术应用,扩大电气化终端用能设备使用比例。

(3)积极推动电力现货交易政策出台、平台建设与完善,以现货交易实现新能源高效消纳和碳减排。通过打通现货交易平台功能接口,参与电力现货市场化交易规则,帮助用户从需求出发,降低用能成本或降碳,同时借助现货交易的市场化规则实现大电网有序用电以及整体碳排的降低。

1.4.4 储能侧

储能侧要加快储能规模化应用,实现"源网荷储"一体化发展,提升电网柔性调节能力。

(1)推动抽水蓄能多元化发展和应用,支撑电力系统安全保障能力,促进新能源规模化发展。提倡常规水电、混合式抽水蓄能、储能泵站与新能源协同开发运行,加强水电梯级综合高效利用、大型储能泵和变频控制技术研究,实现抽水蓄能高质量发展。统筹电力系统需求、站点资源条件,考虑本地电力系统需求和省际间、区域内的资源优化配置,合理优化布局抽水蓄能发展,提升系统调节能力。

(2)以"源网荷储"高效互动为抓手,结合系统实际需求,推进新型储能在"源网荷"各侧多应用场景快速发展。发挥新型储能支撑电力保供、提升系统调节能力等重要作用,积极拓展新型储能应用场景,推动新型储能规模化发展布局。积极推动电力"源网荷储"一体化构建模式,统筹布局电网侧独立储能及电网功能替代性储能,保障电力可靠供应;灵活发展用户侧新型储能,提升用户供电可靠性及用能质量。

(3)推动新型储能与电力系统协同运行,全面提升电力系统平衡调节能力。建立全新的新型储能调度控制机制,充分发挥新型储能电力电量平衡能力;建立多类型储能协同运行机制，实现多种类储能的有机结合和优化运行，重点解决中远期新能源出力与电力负荷季节性不匹配导致的跨季平衡调节问题，支撑电力系统实现动态平衡。

1. 5 青海新型电力系统技术路线探索

新型电力系统通过先进的信息和控制技术，进一步加强电源侧、电网侧、负荷侧、储能侧的多向互动，有效解决清洁能源消纳问题，提高电力系统综合效率。

在构建"以新能源为主体的新型电力系统"过程中，最终目标是"在不增加供电成本的基础上以100％消纳新能源为要求，新能源发电量占比超过50％，电力系统功率变化率超过50％，构建系统各关键节点、各层级及整体协同控制且实现四象限运行的高弹性柔性电力系统"。同时，新型电力系统的发展规律是：电源侧进行"电源侧主动支撑"变革，电网侧构建完善的调度运行机制，负荷侧进行"灵活性"改造，储能侧调节电力系统的实时平衡，使电力系统适应电源侧与负荷侧运行特性变化，使电网侧逐渐动态调整其调控模式和运行方式。

以将青海省打造成国内首个"碳达峰、碳中和"清洁能源示范省、国家清洁能源产业高地、"以新能源为主体的新型电力系统"示范省、"能源互联网"示范区、"清洁柔性送端"引领区、"绿电制造产业"生态区、"系统安全稳定"样板区、"零碳电力系统"先行区为依据，探索青海省新型电力系统技术路线，开展一系列关键核心技术攻关，助力国家新型电力系统建设，为"双碳"目标的实现提供重要技术支撑。青海新型电力系统技术探索路线如图1-3所示。

（1）电源侧：新能源逐步成为主体电源，区域多能源协同互补运行，电能与氢能等二次能源深度融合利用，生物质天然气可再生使用。依托储能技术、同步机技术、构网型技术等创新突破，新能源普遍具备电力支撑、电力安全保障、系统调节等重要功能，逐渐成为发电量结构主体电源和基础保障型电源。煤电、气电、常规水电等传统电源转型为系统调节性电源，服务高比例新能源消纳，支撑电网安全稳定运行，提供应急保障和备用容量。发挥电力能源纽带作用，通过氢电耦合、天然气与电深度耦合等方式，推动二次能源高效融合利用，助力构建多种能源互补的安全、高效供能体系。规模化干热岩发电等颠覆性技术有望实现突破，新一代先进光热技术迭代实现规模化应用，提供长期稳定安全的清洁能源输出，助力"双碳"目标的实现。

（2）电网侧：新型输电组网技术创新突破，电力与能源输送深度耦合协同。低频输电、超导直流输电等新型技术实现突破，支撑网架薄弱地区的新能源开发需求，交直流互联大电网与分布式电网等形态广泛并存。能源与电力输送协同发展，打造输

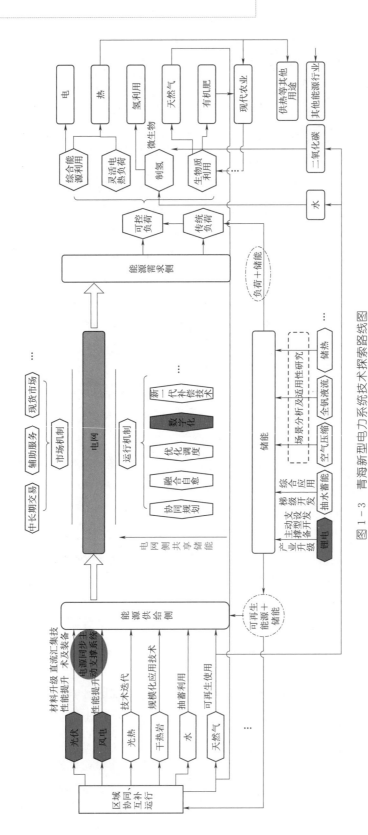

图 1-3 青海新型电力系统技术探索路线图

电—输气一体化的"超导能源管道",实现能源与电力输送格局变革。

（3）负荷侧：用户侧与电力系统高度灵活互动。交通、化工等领域绿电制氢、绿电制甲烷、绿电制氨等新技术新业态新模式大范围推广，刚性负荷向柔性负荷转变。既消费电能又生产电能的电力用户"产消者"蓬勃涌现，成为电力系统重要的平衡调节参与力量。

（4）储能方面：储电、储热、储气、储氢等覆盖全周期的多类型储能协同运行，电力系统实现动态平衡，能源系统运行灵活性大幅提升。储电、储热、储气和储氢等多种类储能设施有机结合的全周期储能技术路线，在不同时间和空间尺度上满足未来大规模可再生能源调节和存储需求，保障电力系统中高比例新能源的稳定运行，解决新能源季节出力不均衡情况下系统长时间尺度平衡调节问题，支撑电力系统实现跨季节的动态平衡，能源系统运行的灵活性和效率大幅提升。

（5）能源数字化方面：数字化、智能化技术助力"源网荷储"智慧融合发展。"云大物移链边"等数字化、智能化技术在电力系统"源网荷储"各侧逐步融合应用，推动传统电力配置方式由部分感知、单向控制、计划为主向高度感知、双向互动、智能高效转变。适应新能源大规模发展的平衡控制和调度体系逐步建成，"源网荷储"协调能力大幅提升。

第 2 章

新型电力系统电源侧

　　我国的"双碳"目标是构建新型电力系统的主要驱动力，构建新型电力系统是习近平新时代中国特色社会主义思想在能源领域的具体要求，凸显了电力系统在"双碳"目标实现过程中的关键作用，明确了电力系统未来发展的目标与方向。

　　截至 2023 年 6 月底，我国风电、太阳能发电的总装机容量约 8.59 亿 kW，占比约为 31%。按照最新估算，到 2030 年，我国风电和太阳能发电总装机容量可能会达到 16 亿 kW 左右，占比约为 40%，价格也逐步走向平价。这意味着在 7 年时间里，我国要新增风电、太阳能发电装机容量 7 亿 kW 以上。

　　在新能源发电快速增加和占比急速扩大的情况下，构建新型电力系统需要"源网荷储"各环节共同努力。虽然，我国的风电和太阳能发电标准日益完善，但是低电压穿越能力等还比较脆弱，电力系统表现出低惯量、弱支撑特性。未来，风电和太阳能发电的支撑能力标准还须继续提高，风电和太阳能发电的变流器应具备自主支撑运行的能力，以便提高低电压穿越能力，降低大规模脱网导致的各类损失。

2.1　电源侧结构

2.1.1　国家电源侧结构

　　传统电力系统的电源结构主要由煤电、水电等可控电源构成。这种电源结构是建立在满足负荷波动需求的基础上的，通过调节可控煤电和水电来满足负荷波动的需求。

　　我国电力系统自新中国成立以来，已经发展 70 余年，从我国经济发展的角度来看电力系统的发展历程，可以将其划分成五个阶段。

　　（1）重工业为主发展战略推动下的电力系统发展阶段（1949—1978 年），属于电力发展初期，电源侧以增加发电总量、满足工业需求为主，快速提高电力供给以支撑工业发展为主要目标。

（2）改革开放 20 年的电力发展阶段（1979—1999 年），发电量快速增长，电源侧结构开始多元化，发电机组大型化。20 世纪 90 年代，浙江秦山核电站和广东大亚湾核电站的相继建成投运，改变了我国电源结构长期以火电和水电为主的局面。

（3）新世纪中国电力发展阶段（2000—2011 年），电源装机容量、发电量高速发展，是电力工业发展的黄金时期，2000—2011 年经济增速平均 11.8%，也带来了强劲的电力需求。2000 年我国装机容量为 3.19 亿 kW，而 2011 年已经达到 10.63 亿 kW，年均增长率为 11.55%，发电量也由 2000 年的 13556 亿 kW·h 增加至 2011 年的 47130 亿 kW·h，年均增长 11.8%。

（4）新时代中国电力发展阶段（2012—2020 年），化石能源逐渐枯竭、全球环境问题逐渐严峻，我国更加注重高质量发展，发电量、电源装机容量保持世界第一的同时，清洁电源发电装机比例逐步提升，清洁能源进入量变时期。电源装机方面，截至 2020 年年底，我国累计发电装机容量 22 亿 kW，其中水电、风电、光伏发电累计装机容量均居世界首位；截至 2019 年年底，在运在建核电装机容量 6593 万 kW，居世界第二，在建核电装机容量世界第一。我国 2020 年发电量 77791 亿 kW·h，相较 2012 年，年均增长率达 5.72%。电源结构方面，风电、光伏比例快速增加是该时期的一大特点，2011 年风光装机占比为 4%，2020 年风光装机已经达到 27%。从发电量来看，2011 年风光发电占比 1.6%，2020 年占比达到 9.5%。该时期我国重视经济发展与环境的可持续发展，重视清洁能源的发展，但是从清洁能源的装机以及发电量可以看出，清洁能源发展初期装机建设的实际效果并不理想。

（5）新能源电力发展阶段（2021 年至今），2020 年 9 月习近平总书记提出"双碳"目标；同年 12 月，习近平总书记在气候雄心峰会上提出到 2030 年我国风电、太阳能发电总装机容量将达到 12 亿 kW 以上，非化石能源占一次能源消费比重将达到 25% 左右。我国新能源产业正快步进入高质量跃升发展的全新阶段。

随着能源结构持续优化，2009—2021 年，我国发电装机容量从 8.7 亿 kW 提升至 23.8 亿 kW，年均增速为 9%，其中，水力发电装机容量从 2.0 亿 kW 提升至 3.9 亿 kW，年均增速为 6%；光伏发电装机容量从 2500kW 提升至 3.1 亿 kW，年均增速为 119%；风力发电装机容量从 0.2 亿 kW 提升至 3.5 亿 kW，年均增速为 28%。风电、光伏发电装机容量均突破 3 亿 kW，装机容量居世界首位。截至 2023 年 6 月，我国发电装机容量为 27.1 亿 kW，水力、光伏、风力、生物质发电装机容量分别为 4.18 亿 kW、4.7 亿 kW、3.89 亿 kW、0.43 亿 kW，水力、光伏、风电、生物质等可再生能源装机约占总发电装机容量的 48.8%。

然而，随着能源结构的转型，以风电、光伏发电为主体的新型电力系统正在逐渐成为主流。这种转变是电力系统转型的内在要求，因为以不可控、间歇性的风电和光伏发电为主力电源，发电单元数量多、分布范围广，与传统电源差异大，传统电力系统的电源结构正面临着向新型电力系统电源结构的转变，以满足新型电源结构下电力系统安全稳定运行的基本要求。

2.1.2　青海电源侧结构

青海有着充沛的阳光和广袤的荒漠，蕴藏着丰富的太阳能资源，得天独厚的资源优势也让青海成为全国太阳能应用和光伏发电的先行者。20 世纪 90 年代，在美丽的青海湖畔，联合国开发计划署建成了青海第一座光伏电站，这座只有 4kW 的小电站，支撑起了一个村庄的生活用电。2001 年，国家"送电到乡"工程启动，在青海建成了一批小型光伏电站，解决了 112 个无电乡的基本生活用电。2009 年，促进光伏产业发展的"金太阳示范工程"，在青海省偏远牧区建成了一批微网光伏电站，让越来越多的农牧民群众用上了电，满足了日常用电的需求。青海光伏的大发展起步于 2010 年，正是在这一年，省委省政府的决策者们立足高原、放眼世界，在保护高原生态环境和发展经济、保障民生的夹缝中艰难抉择，确定把光伏产业作为经济发展的突破口，位列青海十大重点产业之首。2011 年，出于启动国内市场的需要，光伏企业开始将目光转向国内。谋定而后动的青海人，牢牢把握住了这个历史机遇，同年 5 月的一场动员会，掀起了光伏电站建设的高潮。当年，青海就建成并网光伏电站 42 座，装机容量超过 100 万 kW。2012 年装机容量达到 200 万 kW，2013 年装机容量突破 310 万 kW，2014 年年末装机容量达到 412 万 kW。2016 年，习近平总书记在青海视察时作出"使青海成为国家重要的新型能源产业基地"的重要指示。青海新能源行业铭记总书记嘱托，大力推进科技创新，持续做优做强光伏产业，聚焦清洁能源发展，以科技创新为引擎，立足丰富的能源资源优势，全力推动青海新能源的跨越式发展，奋力打造国家重要新型能源产业基地，在海南藏族自治州（以下简称海南州）、海西蒙古族藏族自治州（以下简称海西州）建成了海南、海西两个千万千瓦级新能源基地，相继建成全国首座规模化储能光热发电示范项目、世界上最大的光伏电站群和全球最大的龙羊峡850MW 水光互补电站等，太阳能、风能发电产业快速崛起，绿色电能正悄然改变着人们的生活。依靠富足的太阳能、风能、水能以及荒漠化土地、盐湖储热资源等优势，青海新能源产业发展一路向前，领跑全国。2018 年年底青海新能源装机容量突破1200 万 kW，占青海电网总装机容量的 43.5%，其中风电装机容量为 247 万 kW，太阳能装机容量达到 961 万 kW，全国最大的光伏发电基地已经形成。同时也意味着青海新能源装机容量已超过水电装机容量（1191 万 kW），跃居为青海第一大电源。2021 年全国"两会"期间，习近平总书记参加青海代表团审议时强调："要结合青海优势和资源，贯彻创新驱动发展战略，加快建设世界级盐湖产业基地，打造国家清洁能源产业高地、国际生态旅游目的地、绿色有机农畜产品输出地，构建绿色低碳循环发展经济体系，建设体现本地特色的现代化经济体系。"青海省委省政府全面贯彻落实习近平总书记重要指示，高度重视青海清洁能源高质量发展。青海清洁能源发展多项指标处于全国领先地位，新能源技术可开发量占全国15％以上。截至2023年7月，全省清洁能源装机容量达到4273万kW，占比达91.65％，新能源装机容量占比达63.34％。青海电网自2017年"绿电7日"至2022年"绿电5周"，连续6次刷新省域电网全清洁能源供电的世界纪录，为新型电力系统建设提供了"接地气"的"青海样本"。从青海自然资源禀赋和清洁能源的发展趋势来看，火电比重会越来越小，清洁能源的比重会越来越大。

2.2　电源侧发展存在的问题

目前，国内新能源发电呈现"大规模集中式开发，远距离输送"和"分布式开发，就地接入"并举的格局。在西部、北部资源禀赋、地理区位优越地区以大规模远距离外送为主、就地消纳为辅的送端新型电力系统将成为发展常态。送端系统随着新能源装机容量的不断增大，电力系统的安全稳定运行、电力电量平衡、消纳送出面临巨大挑战。

以青海为例，青海在发展清洁能源方面拥有天然的资源优势。青海作为清洁能源最为富集的地区之一，太阳能资源约占全国的11％，光热资源居全国第二、水电资源居全国第五，也是我国第四大风场，预测共和盆地的干热岩总量达1.85万EJ。同时，青海也有大量可用于新能源开发的沙漠、戈壁、荒漠。放眼全国乃至全球，青海完全有基础、有条件率先在"零碳能源系统、零碳产业体系、零碳生活方式、生态碳汇"等方面加大工作力度，努力成为全国实现"双碳"目标的探路者和排头兵，在发展清洁能源方面做出积极探索。

青海着力打造"国家清洁能源产业高地"，截至2023年7月，青海新能源装机容量3012.14万kW，占总装机容量的63.34％，已远超出电网实际接纳能力，全省新能源平均利用率将降至73％左右。根据青海省人民政府办公厅印发《青海省"十四五"能源发展规划》（青政办〔2022〕12号），明确到2025年光伏发电装机容量达到4580万kW，风电装机容量达到1650万kW。2030年青海省风电、光伏装机容量1亿kW以上、清洁能源装机容量超过1.4亿kW的目标。近年来，规划建设新能源装机容量远超过电力系统实际承载能力，如此高比例新能源接入，电力系统的安全稳定运行、新能源消纳、送出面临巨大挑战。

（1）电源侧高比例新能源接入电网带来的电网支撑能力下降，电力系统安全稳定运行面临新课题。新能源机组对电力系统运行的支撑能力不如常规机组，电力系统"空心化"将引发转动惯量、频率特性、电压稳定、乃至三道防线等问题愈发突出，电网抗扰动能力和事故恢复能力都将面临严峻考验，运行安全问题亟待破解。以青海为例，高比例新能源将使系统转动惯量降低 30％左右，使得海南州暂态过电压问题（图 2-1）、海西州电压失稳问题（图 2-2）更加严峻，给电网的稳定运行带来了安全隐患，严重制约新能源出力。随着新能源装机容量进一步增加，系统低转动惯量、弱支撑将给电网的稳定运行带来安全隐患。

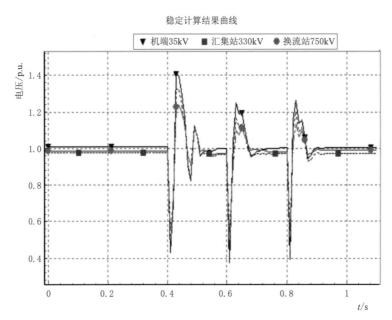

图 2-1　暂态过电压问题

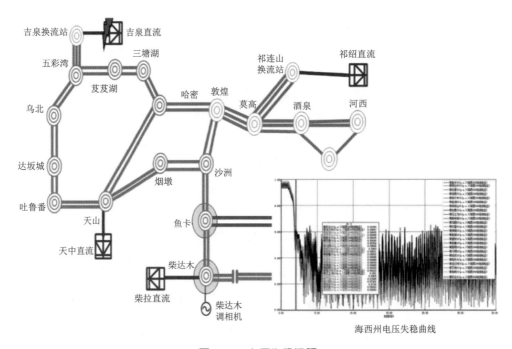

图 2-2　电压失稳问题

（2）以具有发电出力间歇性和波动性的新能源满足刚性负荷可靠供电将成为电力系统新常态。新能源在时间和空间分布上存在天然不均衡性，水电调峰能力已充分发挥，缺电和弃电不同时段交替出现（图2-3）。"十四五"时期，受青海新能源发展、火电系统地位转变、水力发电受来水制约等因素影响，青海电力系统"夏丰冬枯，日盈夜亏"将常态化存在并逐步加剧。

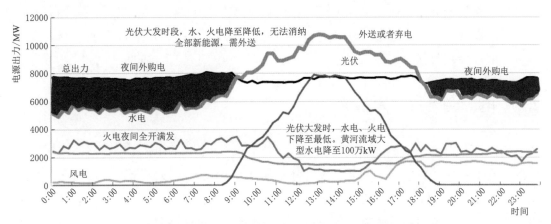

图2-3 青海电网典型日运行曲线图（午间弃电与夜间缺电并存）

（3）成本上升的客观现实和客户降低用电成本的主观诉求之间存在矛盾。能源转型关键步骤如图2-4所示。随着"双碳"目标的推进，青海新能源将大规模发展，受新能源发电特性影响，为确保其"安全、经济、高效"利用，需进一步加大配套投资，提高新能源接入能力，电源支撑及调峰环节，需要配套建设新的调峰电源，这些都将导致电力系统成本的提升。

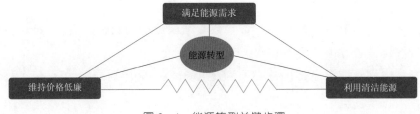

图2-4 能源转型关键步骤

青海是新能源大省，青海电网在西北电网中扮演着关键性枢纽角色，能源转型已从"风生水起"逐步走向"风光无限"。规模化新能源集中接入电网后替代一部分常规电源开机容量，由于新能源机组大多经变流器并网，有功出力无法主动响应频率变化，从而使电网频率稳定风险提升。同时，随着"青豫直流"工程的投运，由于工程配套电源以光伏发电和风电等新能源为主，常规电源建设相对滞后，直流换相失败等故障导致的巨大无功冲击、新能源进入低电压穿越后的有功回退和暂态过程中的无功反调等原因导致新能源和直流侧暂态过电压问题突出，输电能力受到严重限制。

青海全清洁能源供电等系列探索与实践表明，以"新能源高占比"和"绿色电力最大化消纳"为特征的电力系统中，交直流故障引起的电压和频率等已逐渐演化为风光电源基地影响系统稳定、制约本地消纳及外送能力的核心问题，亟待面向多时间尺度充分挖掘和发挥新能源"主体电源"及储能的支撑作用，特别是其在电网暂态稳定期间的快速主动支撑作用。目前青海电网是我国新能源占比唯一超过六成的省域电网，随着新型电力系统建设的深入推进，我国大部分省份新能源装机占比都将会快速攀升，当前青海电网面对的问题及其解决方案对我国其他省份新能源发展具有重要的参考价值和借鉴意义。

2.3　电源侧发展技术探索

当前，我国新能源已完成从"无支撑、低抗扰"向"电网友好"转型，新能源和储能已具备稳态支撑能力，但暂态支撑还局限于单机层面的故障穿越以及动态无功电流注入，难以适应未来新型电力系统的安全稳定运行需求，应继续向"主动支撑"型迈进。面对新型电力系统带来的新挑战，亟须将新能源的支撑能力从稳态、小扰动拓展到暂态、大扰动，从单机独立响应拓展到"单机—场站—电网"多级协同，使未来新能源电站普遍实现暂态主动支撑功能（故障期间的电压支撑、故障清除后的频率支撑、紧急有功控制），且部分电站具备电网构建能力。

以青海为例，国网青海电力调度控制中心根据《电力系统安全稳定导则》（GB 38755—2019）要求，结合青海电网运行实际情况，为确保电网安全稳定运行，有效支撑特高压直流运行，提升青海电网新能源接纳能力，制定了新能源电站相关技术要求，总体要求如下：

（1）青海电网新能源电站相关设备参数必须满足电网交流或直流故障下高电压穿越、低电压穿越及连续电压穿越要求。

（2）青海电网新能源电站设备必须满足 1.3p.u. 电压耐受能力及 51.5Hz 频率耐受能力。

（3）国网青海电力调度控制中心应组织新能源电站落实与电力系统安全稳定相关的具体措施，确保电网运行安全。

（4）青海电网新能源电站应向国网青海电力调度控制中心提供有关安全稳定分析所必需的技术资料和参数，包括新能源机组和场站的技术资料和实测模型参数。影响电力系统稳定运行的参数定值设置需经国网青海电力调度控制中心审核。

虽然，目前国内主流新能源发电设备都能满足《电力系统安全稳定导则》（GB 38755—2019）要求，但是电源"双高"特性显著，电网暂态稳定和稳态稳定问题并存，无功电压动态支撑能力不足，电源的低转动惯量、弱支撑将给电网的稳定运行带来安全隐患。如何抑制暂态稳定问题，此前并无经验可借鉴，亟待突破。

在解决新型电力系统接连迸发出的关键问题过程中，科研工作者对调相机、虚拟同步机（Virtual Synchronous Generator，VSG）、构网型变流器及新能源同步友好并网技术进行了研究并逐步深入、清晰。

2.3.1 调相机技术

2019 年，国家电网有限公司提出了分布式调相机的解决方案，并进一步明确了分布式调相机的具体性能指标。这是世界上首次在新能源发电侧探索大规模安装分布式调相机的实践，可以助力解决新能源高占比带来的暂态过电压问题，大幅提升新能源电力送出水平。

调相机主要由本体、励磁系统、升压变、起动系统、冷却系统、油系统、控制保护系统 7 部分组成。新一代大容量（额定容量 300 Mvar）调相机常采取隐极机，而分布式调相机（额定容量 50Mvar）常采取凸极机。

1. 调相机基本运行原理

从运行原理上看，调相机是一种空载运行的同步发电机，其运行状态分为 3 类：空载运行、迟相运行和进相运行。调相机 3 种典型运行状态的简化相量图如图 2-5 所示。①空载运行是指电机的励磁系统工作于正常磁状态，电机励磁磁势 F_f 等于定子合成磁势 F，既不吸收无功，也不发出无功；②迟相运行是指电机的励磁系统工作于过励磁状态，电机励磁磁势 F_f 大于定子合成磁势 F，此时定子电流滞后于定子电压，需要向电网发出感性无功功率，可补偿电网所需无功功率；③进相运行是指电机的励磁系统工作于欠励磁状态，电机励磁磁势 F_f 小于定子合成磁势 F，此时定子电流超前于定子电压，需要从电网中吸收感性无功功率，可避免电网电压过高。

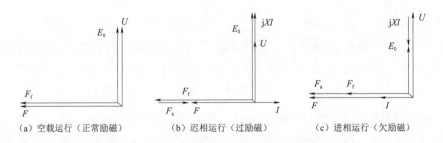

（a）空载运行（正常励磁）　　（b）迟相运行（过励磁）　　（c）进相运行（欠励磁）

图 2-5　调相机 3 种运行状态（发电机惯例）

调相机运行于 3 种状态时，励磁系统需要根据电网系统的变化，动态提供励磁电流，励磁电流的变化以及电网谐波电压会对调相机内部的磁场产生影响。

2. 调相机为系统提供动态无功支撑的原理

在母线电压突变时，调相机的无功响应主要分为两个部分：①基于调相机物理特性的自发无功响应，在电网电压变化的瞬间自然产生，并随时间衰减；②基于调相机励磁控制的无功响应，由励磁控制系统改变励磁电压引起，需要一定的响应时间。

具体来看，电力系统事故后运行曲线按照时间尺度可划分为次暂态过程、暂态过程、稳态过程，如图 2-6 所示。对应于每段过程，调相机可分别发挥次暂态特性、暂态特性、稳态特性，为系统提供动态无功支撑。

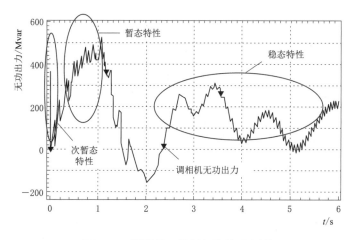

图 2-6　调相机 3 种运行特性示意图

（1）次暂态特性：调相机具备次暂态特性，在故障瞬间电势保持不变，可瞬时发出/吸收大量无功。调相机加装于直流受端时，可瞬时发出大量无功，支撑电网电压，尤其对于多直流馈入电网，可减少多回直流同时换相失败概率，提高电网安全稳定水平。调相机加装于直流送端时，可瞬时吸收大量无功，抑制暂态过电压，尤其对于新能源外送的直流送端，可抑制新能源大规模脱网，提高直流系统新能源输送比例。

（2）暂态特性：调相机具备暂态特性，即强励特性，短时（1s）能够发出额定容量 2 倍以上无功。调相机加装于直流受端，当系统发生严重故障导致电压大幅跌落时，调相机进入强励状态，为系统提供紧急无功电压支撑，有助于直流功率和系统电压迅速恢复，防止电压崩溃。

（3）稳态特性：调相机具备稳态特性，可以长时间提供无功输出。要强调的是，调相机作为电压源，其最大的进相能力对应于转子零励磁，同时也要考虑定子端部铁芯放电的安全风险。故调相机的进相和迟相能力是不对称的，其迟相能力（发无功）可达额定值的数倍，但是其进相能力（吸无功）较差，仅略高于额定值的一半。以 300Mvar 调相机为例，其具备 300Mvar 迟相和 150～200Mvar 进相的持续运行能力。调相机加装于直流送端时，可利用深度进相能力在直流闭锁等故障后吸收系统多余无功，抑制送端系统稳态过电压；调相机加装于直流受端时，在交流系统故障清除后可能存在系统电压无法恢复至稳态电压运行范围内的情况，调相机进入迟相运行，改善系统稳态电压水平。

3. 新一代调相机的技术特点

为应对新型电力系统中迸发出的多种关键问题，对调相机进行优化更新。新一代调相机的技术原理、运行特性与传统调相机基本一致，重点在暂态响应和过载能力方面进行了优化。调相机升压变在设计中也采用了较大的额定容量和较小的短路阻抗。

新一代调相机的技术优势具体体现在以下方面：

（1）更强的过载能力。新一代调相机的定子绕组承受 3.5 倍额定电流的持续时间不少于 15s；转子绕组承受 2.5 倍额定励磁电流的持续时间不少于 15s；升压变承受 3.5 倍额定电流的持续时间不少于 15s。

（2）更快的动态响应速度。新一代调相机的次暂态电抗更小，在故障瞬间可以立即发出大量无功功率；强励电压响应更快速、倍数更高（3.5 倍），可以快速增加励磁电流。

2.3.2　虚拟同步机技术

虚拟同步机（VSG）不仅模拟了同步机运动方程，还引入了同步机电气方程以改造电力电子设备端口多尺度特性，使其具有惯性、阻尼、有功调频、无功调压、电磁暂态等多元特性。然而，VSG 技术的发展和相关研究主要在机电尺度的惯量与调频特性方面，VSG 对于宽频稳定特性塑造、电网强度、电网支撑等关键特性方面的研究较少，而这些关键特性则是目前新型电力系统必须具备的能力，也是构网技术的重要组成部分。需要说明的是，虚拟同步机国家标准中对于 VSG 的约束，也仅限于功率、电压尺度。VSG 技术基本原理与典型方案对比如下：

VSG 技术的基本原理是模拟同步发电机的转子运行特性，实现惯量、阻尼、调频等机电尺度特性。VSG 转子运动的数学表达式为

$$
\begin{cases}
2H \dfrac{\mathrm{d}\omega}{\mathrm{d}t} = P_\mathrm{m} - P_\mathrm{e} - K_\mathrm{D}(\omega - \omega_\mathrm{g}) \\
\dfrac{\mathrm{d}\delta}{\mathrm{d}t} = \omega - \omega_\mathrm{g}
\end{cases}
\tag{2-1}
$$

式中　H——惯性常数；

　　　K_D——阻尼系数；

　P_m，P_e——VSG 的功率输入与电磁功率输出；

　　　　δ——功角；

　ω，ω_g——转子角频率与电网角频率。

VSG 还需具备无功/电压调节能力，其常见约束方程为

$$E = K_Q(Q_{ref} - Q_e) + K_U(U_{ref} - U_t) \tag{2-2}$$

式中　E——虚拟内电势；

K_Q，K_U——无功调节与电压调节系数；

Q_{ref}，Q_e——VSG 的无功功率调节指令与无功功率输出；

U_{ref}，U_t——电压调节指令与端电压实际值。

变流器采用 VSG 控制时，除式（2-1）与式（2-2）所描述的 VSG 机电尺度特性，还需配合常规电压电流控制等基本环路以完成电磁尺度电压、电流的精确控制。VSG 基本控制架构如图 2-7 所示。需要特别强调的是，这里的电压电流控制虽然涉及电磁尺度，但并不作为塑造 VSG 关键特性的重点。

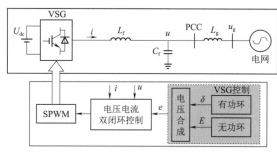

图 2-7　VSG 基本控制架构

围绕模拟同步发电机基本特性这一思想，VSG 技术形成了纷繁多样的实现方案。2007 年，荷兰能源研究中心等研究机构及高校提出了 VSG 的概念及相关控制策略，用于解决分布式电源渗透率较高的电网的频率稳定问题。随后，德国劳克斯塔尔工业大学等相继提出了多种 VSG 控制策略。国内的浙江大学等高校团队也对 VSG 技术进行了多年深入的理论研究。

基于锁相环（Phase-Locked Loops，PLL）的 VSG 方案如图 2-8 所示。该方案的关键特征是，采用 PLL 检测系统频率变化，根据该频率量模拟惯量特性以及调频

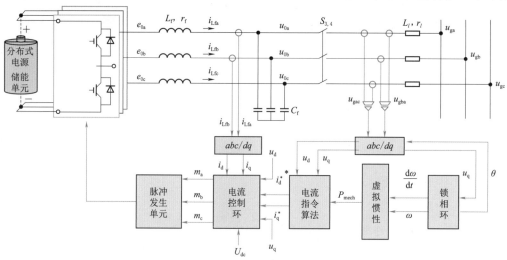

图 2-8　基于锁相环（PLL）的 VSG 方案

特性，并计算得到 VSG 的功率补偿值。进一步，采用常见电流闭环控制精准调节功率。该方案具备惯量、调频能力，但不包含励磁环节，不具备电压调节能力，也无法实现孤岛运行，适合应用于新能源渗透率较低、仍以同步电机主导的电力系统。

为实现对同步电机的精准模拟，诸多囊括同步机电气方程的方案被提出，如图 2-9 所示。但该类方案即使强调了其模拟的精确性，也始终无法指出其对于电力系统稳定的特殊优势。

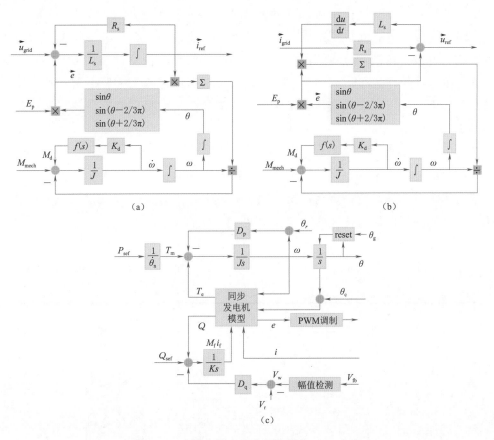

图 2-9　含同步发电机电气方程的 VSG 方案

2.3.3　构网型储能技术

为保证未来高电力电子渗透率（甚至 100％渗透率）下新型电力系统的稳定运行，构网型技术将电力电子装备能力提升至了新的高度。构网型储能技术高度融合了储能技术与构网型技术的高价值优势，储能技术可以平衡电力生产的波动性，提高电网的可靠性和稳定性；更为关键的是，构网型技术从宽频稳定、电网强度、电网支撑等多元角度塑造电力电子装备尤其是变流器的宽频电压源特性，极大程度优化了储能在电力系统中所具备的支撑特性，因此构网型技术是打造构网型储能技术关键竞争力的核心。

1. 构网型技术基本原理

构网型技术从实现原理上看，是通过变流器经过阻抗向系统并网点提供一个具有一定维持能力的电压源，可实现等效惯量和系统强度支撑强弱电网自适应，可以孤网运行，也可以在无源网络运行，黑启动具备 100%新能源接入能力。

2. 构网型储能软件算法架构方案

构网型储能软件算法由电流源控制升级为电压源控制，同时模拟同步发电机组，自主产生内电势，具备虚拟惯量控制、无功电压控制能力。在构网型技术算法对装备的特性塑造方面，构网型技术不仅模拟同步发电机的机电尺度特性，还着重对作为电压源的电磁尺度特性进行了刻画和优化。由于构网控制是被动响应电网扰动，因此在弱电网条件下，也可以实现毫秒级快速功率响应。某构网型储能软件算法基本架构示意如图 2-10 所示。

3. 构网型储能硬件架构方案

构网型储能硬件架构方案，为了实现电网暂态期间的有功和无功过载的能力，通过电池倍率提升，满足暂态有功输出，同时超配 PCS 数量，具备 3 倍无功电流暂态支撑能力。某构网型储能硬件架构示意如图 2-11 所示。

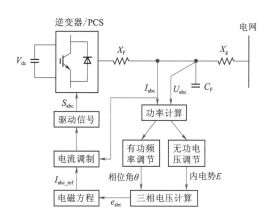

图 2-10　某构网型储能软件算法基本架构示意图

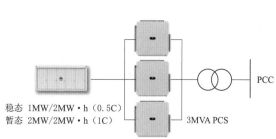

图 2-11　某构网型储能硬件架构示意图

2.3.4　新能源同步机友好并网技术

1. 新能源同步机友好并网技术原理

借鉴火电厂、水电站，光伏电站和风电场采用电动机＋同步发电机并网。新能源同步机友好并网技术原理如图 2-12 所示。光伏电站或风电场首先通过 DC/DC 控制器升压到一定电压等级的直流电后输送至直流母线或直流输电线；储能系统通过双向

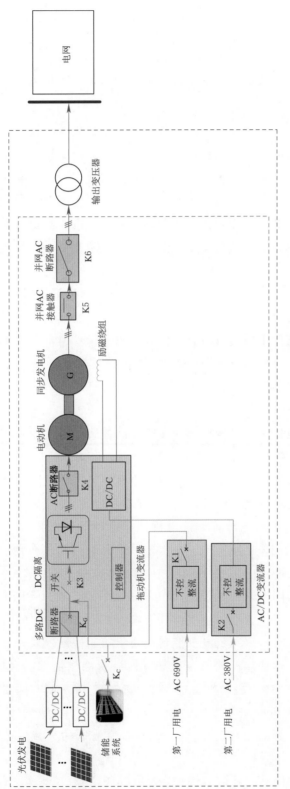

图 2 - 12　新能源同步机友好并网技术原理图

DC/DC 接入直流母线或直流输电线，平滑或存储新能源发电；厂用电通过二极管整流后接入直流母线或直流输电线；直流母线通过驱动变流器供电驱动电动机，电动机和同步发电机同轴转动进行发电。

新能源同步机友好并网技术可突破传统电力在时间与空间上的供需约束，具有精准控制、快速响应、灵活配置和四象限灵活调节功率等特点，具备了让光伏电站参与电力系统安全稳定运行控制的能力。该技术将有功、无功集于一身且实现解耦，可使新能源场站具备火电、水电同步并网特性，为电力系统运行提供暂态支撑、稳态旋转惯量支撑、系统调频等多种服务，大幅度改善新能源"低惯量、弱支撑"特性，大幅度提高特高压交直流电网安全稳定运行水平。该技术的应用预计可使新能源接入的电力系统送出断面达到经济输送容量，甚至达到热稳极限，进一步提高新能源消纳和送出能力；同时取代现有新能源场站逆变器、升压变、无功补偿、调相机等设备，可进一步降低电力系统建设成本和运营成本。

储能系统连接至拖动机驱动变流器直流侧，当光伏能量不足时，作为应急电源。第一厂用电通过不控整流或晶闸管整流连接至拖动机直流变流器直流侧，当光伏能量不足，且需要一次调频或发生短路故障时，作为备用电源。第二厂用电通过不控整流或晶闸管整流作为同步发电机励磁电源，当同步发电机需要无功功率支撑（即电压支撑）时，调节同步发电机励磁电流达到调节无功功率的目的。

2. 新能源同步机友好并网技术控制方法

同步电机控制模式包括转速控制模式和转矩控制模式，根据总控制器的运行模式指令，分别实现同步电机的转速闭环和转矩闭环控制。AC/DC 变流器可实现交流电到直流电的可控整流，根据总控制器的电压指令快速调节同步发电机的励磁电压，从而改变励磁电流，实现同步发电机的无功输出。准同期并网装置用于检测电机端三相电压和电网侧三相电压、三相电流，反馈电机端与电网侧三相电压的幅值差、相位差、频率差、无功功率等，一旦幅值差、相位差、频率差达到并网要求，发送并网合闸指令到并网柜，实现无冲击电流的软并网。

并网前控制。接收准同期并网装置的相位差和频率差，通过 PI 控制器（Proportional integral controller）输出转速指令，再叠加上额定转速，作为永磁同步电机控制器的转速指令输入，此时永磁同步电机控制器处于转速控制模式，通过微调转速实现相位差和频率差达到并网要求；接收准同期并网装置的幅值差，通过 PI 控制器输出电压指令，作为 AC/DC 整流柜的直流电压指令输入，快速调节同步发电机的励磁电压改变励磁电流，实现同步发电机的三相电压幅值达到并网要求；并网合闸指令后，切换永磁同步电机控制器的控制模式，AC/DC 变流器的直流电压指令切换到无功功率闭环。

新能源同步机友好并网技术控制方法如图 2-13 所示。

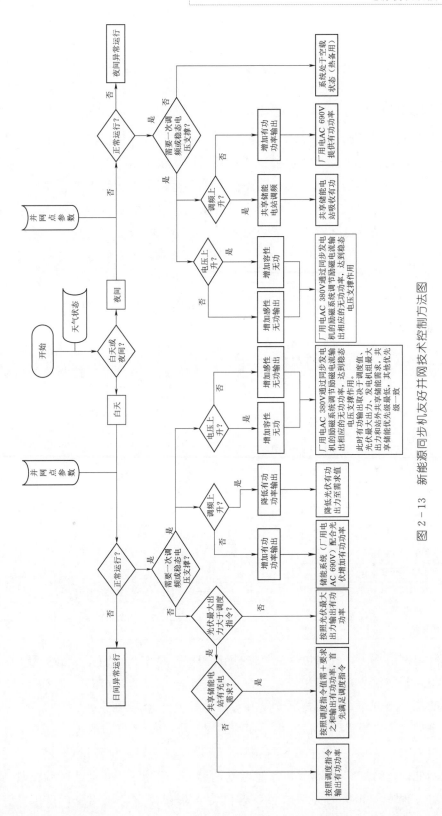

图2-13 新能源同步机友好并网技术控制方法图

2.4　不同技术路线的性能对比分析

2.4.1　调相机技术

根据 2.3.1 节对于调相机技术原理的描述，可以看出调相机的无功响应主要分为基于调相机物理特性的自发无功响应和基于调相机励磁控制的无功响应。

在故障后瞬间，其无功出力大小主要由电压变化幅度与次暂态电抗确定，电压变化幅度越大，次暂态电抗越小，瞬时无功出力越大。除机组自发响应外，电网电压变化后，调相机控制系统也会响应调节励磁电压，使励磁电流快速上升或下降。

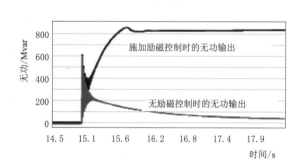

图 2-14 给出了调相机无功阶跃响应仿真比较，表 2-1 给出了国网规范对调相机的要求。结合这些信息，可知调相机在电网电压变化下的无功响应特性。综合调相机自发无功响应的衰减及励磁控制器的增磁，调相机的无功输出在 100ms 左右达到最大值，之后随着励磁控制器的作用不断增加，最终达到当前电压水平的最大无功过载能力。

图 2-14　调相机无功阶跃响应仿真比较

表 2-1　国网规范对调相机要求

项　　目	国网规范要求	项　　目	国网规范要求
d 轴次暂态电抗 X''_d/p. u.	<0.11	噪声/[dB（A）]	≤85
d 轴暂态开路时间常数 T'_{d0}/s	<8	定子/转子温升/K	85/90
d 轴暂态短路时间常数 T'_d/s	<0.95	轴瓦温度/℃	≤85
转子机械时间常数 T_j/s	≥4	转子 2.5 倍强励电流持续时间/s	≥15
短路比 SCR	≥1	定子 3.5 倍过电流持续时间/s	≥15
轴承座振速/(mm/s)	≤2.8		

在实际电网应用中，青海电网在 330kV 青旭线开展了人工短路试验实测，系统地探索了大规模新能源分布式调相机集群在系统发生故障时的新形态、新特征，验证了大规模新能源基地分布式调相机群无功和瞬时电压支撑动态调节特性。

在该系列（分三次进行）试验中，不变的试验条件为：青旭线投入运行，海南地区新能源出力 390 万 kW（其中青南换流站近区新能源出力 100 万 kW，塔拉及香加变电站近区新能源出力 290 万 kW），青豫直流送出 110 万 kW；变动的试验条件为：控制三次试验过程中调相机的并网数量，具体为青南换流站、旭明变、夏阳变、昕阳变、珠玉变调相机均未并网，各站仅一台调相机并网，各站调相机全部并网。

图 2-15 给出了三种测试条件下旭明站与昕阳站 330kV 母线电压波形（C 相）。图中，旭明站对比三次短路试验 330kV 母线电压（C 相），将初值归一到同一水平后分别跌落至 12.9kV、13.4kV、16.4kV，对比无调相机投运工况，调相机全投运工况旭明站电压提升了 3.5kV（提升 0.0184p.u.），跌落量提升了 1.88%；故障消失后，最高电压由 234.4 kV 降低至 216.4kV（降低 0.0945p.u.）。昕阳站对比三次短路试验 330kV 母线电压（C 相），将初值归一到同一水平后分别跌落至 140.5kV、142.1kV、

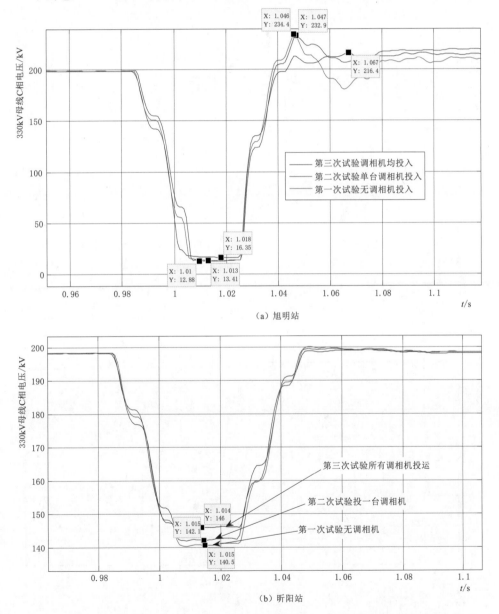

（a）旭明站

（b）昕阳站

图 2-15 三种测试条件下旭明站与昕阳站 330kV 母线电压波形（C 相）

146.0kV，对比无调相机投运工况，调相机全投运工况下昕阳站电压提升了 5.5kV（提升 0.0289p.u.），跌落量提升了 9.45%；故障消失后，最高电压由 200.2kV 降低至 199.2kV（降低 0.0052p.u.）。

图 2-16 给出了三种测试条件下旭明站与昕阳站 1 号调相机升压变 35kV 母线电压波形。图中，旭明站对比三次短路试验 1 号调相机升压变 35kV 母线电压（C 相），将初值归一到同一水平后分别跌落至 13.4kV、14.6kV、15.2kV，对比无调相机投运

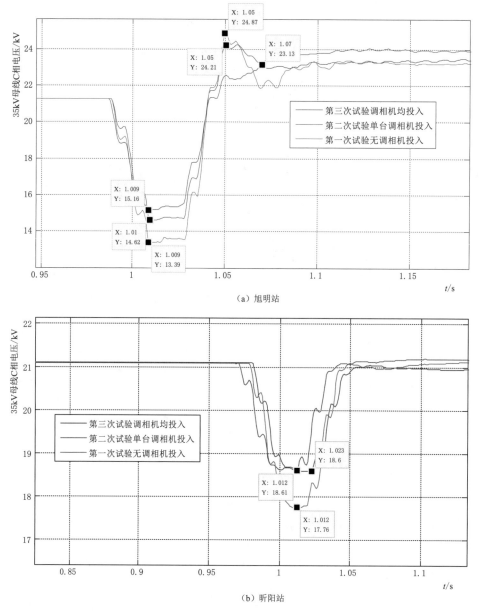

（a）旭明站

（b）昕阳站

图 2-16　三种测试条件下旭明站与昕阳站 1 号调相机升压变 35kV 母线电压波形（C 相）

工况，调相机全投运工况下旭明站电压提升了 1.8k（提升 0.0891p.u.），跌落量提升了 22.22%；故障消失后，最高电压由 24.9 kV 降低至 23.1kV（降低 0.0891p.u.）。昕阳站对比三次短路试验 1 号调相机升压变 35kV 母线电压（C 相），将初值归一到同一水平后分别跌落至 17.8kV、18.6kV、18.6kV，对比无调相机投运工况，调相机全投运工况下昕阳站电压提升了 0.8kV（提升 0.0396p.u.），跌落量提升了 20.51%；故障消失后，最高电压由 21.1 kV 降低至 21.0 kV（降低 0.0049p.u.）。

图 2-17 给出了旭明站 3 号调相机机端电流、无功功率波形。图中，3 号调相机在第三次故障后机端电流由 173A 只经过 7ms 升至 12404A（4.5p.u.），无功功率由 1.70Mvar 升至 174.7Mvar（3.49p.u.）。

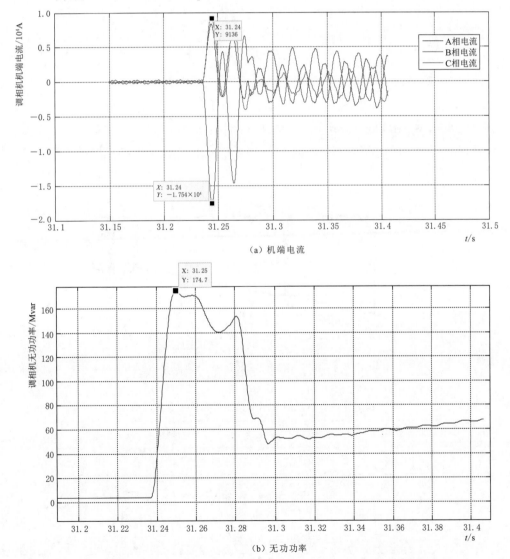

（a）机端电流

（b）无功功率

图 2-17　第三次故障后旭明站 3 号调相机机端电流、无功功率波形

上述结果表明，分布调相机的投入可以有效降低故障后电压跌落深度以及故障消失后的过电压幅值，同时在故障过程中可快速向系统提供数倍于额定无功功率的暂态无功支撑。

2.4.2 虚拟同步机技术

根据 2.3.2 节对虚拟同步机技术（VSG）工作原理的描述，可以发现此技术方案在控制上更加注重对同步发电机机电暂态特性的模拟，而实现这种功能的技术手段有很多。因此在我国发布的 VSG 国家标准中，对于 VSG 的实现方法没有进行限定，而且所制定的性能指标往往非常宽松。VSG 关键动态指标如下：

（1）有功功率方面：储能 VSG 有功调频响应时间不大于 500ms，惯量响应时间应不大于 500ms，惯性时间常数 T_j 宜在 3～12s 范围内。

（2）无功功率方面：无功功率响应时间应不大于 50ms。

另外在现场试验中，国电南瑞科技股份有限公司曾针对其开发的 VSG 进行了部分机电尺度有功类响应的相关测试。图 2-18 给出了 VSG 一次调频试验（关闭虚拟惯量）有功功率响应波形，一次调频试验模拟信号频率幅值见表 2-2。根据结果，一次调频启动时间少于 1s，响应时间少于 3s，有功调节控制误差在 ±2%P_n 范围内，具体的数据分析见表 2-3。

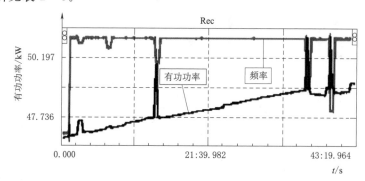

图 2-18　VSG 一次调频试验有功功率响应波形

表 2-2　　　　　　　一次调频试验（关闭虚拟惯量）模拟信号频率幅值

序号	机端频率 f/Hz	频率波动波形	序号	机端频率 f/Hz	频率波动波形
1	48.5	⊓_⊔	6	50.1	_⊓_
2	49.5	⊓_⊔	7	50.2	_⊓_
3	49.0	⊓_⊔	8	50.4	_⊓_
4	49.8	⊓_⊔	9	51.0	_⊓_
5	49.9	⊓_⊔	10	51.5	_⊓_

表 2 - 3　　　　　　　VSG 一次调频有功功率响应波形试验数据分析

试验工况	分析对象	启动时间 /ms	响应时间 /ms	调节时间 /ms	有功支撑幅值 /p. u.	有功功率误差 /p. u.
50～49.9Hz	VSG	36.4	353.5	381.4	0.024	−0.016
49.9～50Hz	VSG	35.5	322.9	358.4	−0.024	0.016
50～49.8Hz	VSG	62.8	362	382.7	0.004	−0.076
49.8～50Hz	VSG	29	326.9	564.9	−0.004	0.076
50～49.5Hz	VSG	66.8	373.4	388.7	0.09	−0.01
49.5～50Hz	VSG	32	321.6	363.6	−0.096	0.004
50～49Hz	VSG	19.2	193.8	313.1	0.096	−0.004
49～50Hz	VSG	53.9	402.1	24	−0.1	−0.008
50～48.5Hz	VSG	28.3	358.7	379	0.096	0.004
48.5～50Hz	VSG	51.2	413.8	24.6	−0.108	−0.008
50～50.1Hz	VSG	125.3	389.1	391.1	−0.028	0.012
50.1～50Hz	VSG	52.4	369.5	561.9	0.028	−0.012
50～50.2Hz	VSG	29.7	331.8	364.4	−0.068	0.012
50.2～50Hz	VSG	25.7	313.1	362.5	0.07	−0.01
50～50.4Hz	VSG	28.6	311.3	357.3	−0.154	−0.006
50.4～50Hz	VSG	57.2	370.5	385.5	0.15	−0.01
50～51Hz	VSG	26.8	332	367.7	−0.214	−0.014
51～50Hz	VSG	79.7	375.7	388.7	0.208	0.008
50～51.4Hz	VSG	16.5	183.3	191.9	−0.208	−0.008
51.4～50Hz	VSG	15.5	201.9	301.9	0.208	0.008

图 2 - 19 给出了 VSG 虚拟惯量试验（关闭一次调频）波形。根据结果，惯量响应时间在 286～454ms 之间，小于标准要求的 500ms，有功功率误差在 ±2%P_n 范围内，具体的数据分析见表 2 - 4。

表 2 - 4　　　　　　　　虚拟惯量试验数据分析

试验工况	分析对象	启动时间 /ms	响应时间 /ms	调节时间 /ms	有功支撑幅值 /p. u.	有功功率误差 /p. u.
50～48.1Hz	VSG	197	340	394	0.052	0
48.1～50Hz	VSG	280	437	470	0.054	0.002
50～51.4Hz	VSG	292	454	495	0.054	0.004
51.4～50Hz	VSG	136	286	327	0.048	0.002

2.4.3　构网型储能

根据前文对构网型储能技术原理的描述，可以看出其技术上的优势在于不仅能模

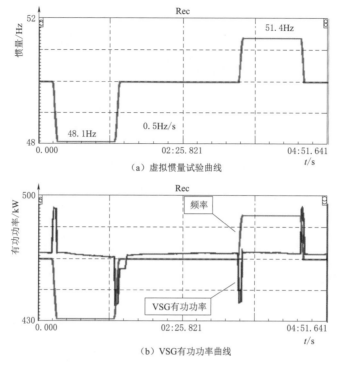

（a）虚拟惯量试验曲线

（b）VSG有功功率曲线

图 2-19　VSG 虚拟惯量试验（关闭一次调频）波形

拟同步发电机机电暂态特性，还能模拟电压源在电路中所表现的电磁暂态特性，使得构网型储能设备能够模拟同步发电机对电网的支撑能力。

　　针对上述能力，某公司在实际工程方面曾对构网型储能在电网电压大扰动条件下开展了现场试验。首先，由于构网型储能对电网表现为电压源特性，可以充分利用自身电力电子设备的过流能力，在电网暂态期间，根据电压跌落深度进行自适应无功电流支撑。同时由于构网型储能超配 PCS，可以实现当电压无恢复时最大提供 3.0 倍短路电流。图 2-20 给出了不同电压跌落条件下构网型储能和跟网型储能现场试验电压故障穿越动态无功电流增量对比，图 2-21 给出了同一电网电压暂态跌落无功电流的录波波形。从现场试验结果可以看出构网型储能短路容量支撑能力强。

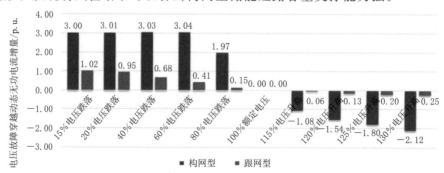

图 2-20　电压故障穿越动态无功电流增量对比

其次，在电网扰动下，由于构网型储能的电压源特性，其对电网的支撑作用是自然而然产生的，并未经过电气量采样、识别状态、主动控制等环节，因此能够实现更快的动态无功响应。图 2-22 给出了构网型储能方案和传统跟网型方案现场试验结果的对比，从结果中可以看出构网型储能电压故障穿越动态无功电流增量响应时间明显快于跟网型方案，动态无功电流响应时间小于 10ms，优于国家标准要求不大于 30ms 的要求以及 VSG 标准制定不大于 50ms 的要求。

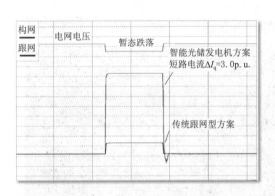

图 2-21　无功电流的录波波形

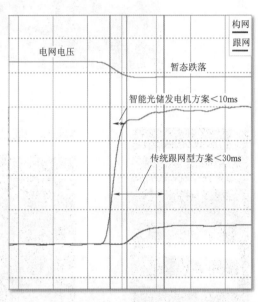

图 2-22　构网型储能和跟网型方案现场试验结果对比（比速度）

2.4.4　新能源同步机友好并网技术

2019 年，国网青海省电力公司清洁能源发展研究院创新性开展了新能源同步机友好并网技术研究，并组织召开了技术研讨会。2020 年研发兆瓦级光伏同步机友好并网系统（图 2-23），通过实验室性能评估后安装至青海海南州 100MW 光伏电站进行现场运行。其间，团队根据评估数据进行软硬件微调整。2023 年（系统正常运行 3 年）团队参考新能源场站及水电站、火电厂等并网要求制定了新能源同步友好并网系统并网性能评估方案，开展了转换效率、一次调频、转动惯量、暂态过电压、暂态低电压等 15 项全方位性能评估试验。结果表明系统达到火电、水电发电特性，大幅度提高交直流电网安全稳定运行水平。

重载 130% 三相过电压故障波形如图 2-24 所示。在满有功功率情况下，ABC 三相电压发生 1.3 倍过电压暂态故障，根据《光伏发电站接入电网检测规程》（GB/T 31365—2015）测得 7.65ms 内发电机提供 0.9 倍无功支撑，最大提供 4.6 倍过载支

图 2-23　兆瓦级光伏同步机友好并网系统

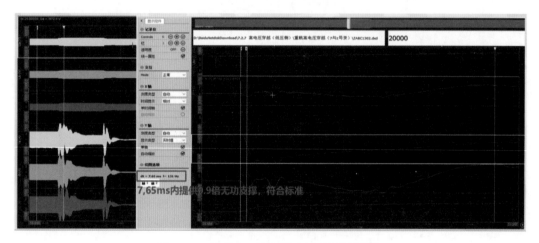

图 2-24　重载 130％三相过电压故障波形图

撑，短时间帮助系统缓解过电压。

重载 50％三相低电压故障波形如图 2-25 所示。在满有功功率情况下，ABC 三相电压发生 0.5 倍低电压暂态故障，根据《光伏发电站接入电网检测规程》（GB/T 31365—2015）测得 9.56ms 内发电机提供 0.9 倍无功支撑，短时间帮助系统缓解过电压。

重载 40％两相低电压故障波形如图 2-26 所示。在满有功功率情况下，BC 两相电压发生 0.4 倍低电压暂态故障，根据《光伏发电站接入电网检测规程》（GB/T 31365—2015）测得 6.6ms 内发电机提供 0.9 倍无功支撑，最大提供 8 倍过载支撑。

重载 0％单相低电压故障波形如图 2-27 所示。在满有功功率情况下，A 相电压发生 0 电压暂态故障，根据《光伏发电站接入电网检测规程》（GB/T 31365—2015）测得 7.48ms 内发电机提供 0.9 倍无功支撑，最大提供 10 倍过载支撑，短时间帮助系统缓解过电压。

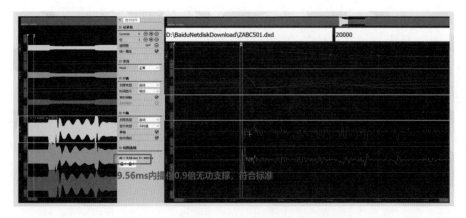

图 2-25　重载 50％三相低电压故障波形图

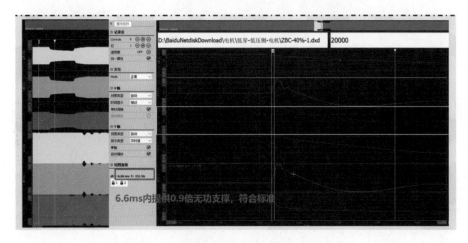

图 2-26　重载 40％两相低电压故障波形图

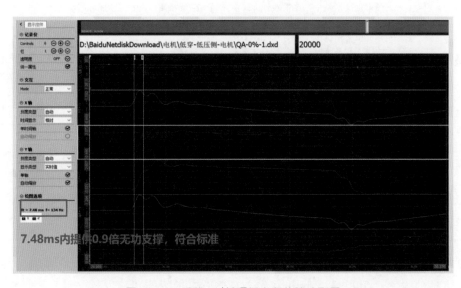

图 2-27　重载 0％单项低电压故障波形图

频率异常波形如图 2‑28 所示。在低频为 46.55Hz 时，有功功率上升，满足《并网电源一次调频技术规定及试验导则》（GB/T 40595—2021）与《光伏发电站接入电网检测规程》（GB/T 31365—2015）要求。

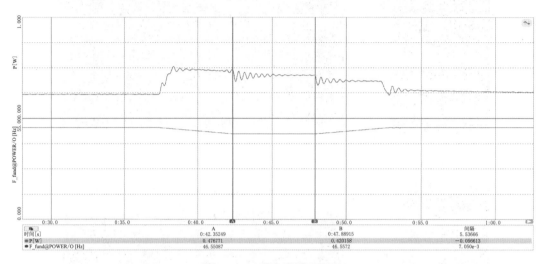

图 2‑28　频率异常波形图

2.4.5　性能指标对比总结

综合上述各技术路线的工作原理分析、测试结果和标准中的关键动态性能指标，可以获得关键性能指标对比，见表 2‑5。

表 2‑5　　　　　　　　　　　　　　关 键 性 能 指 标 对 比

对比项	调相机技术	虚拟同步机技术	构网型储能	新能源同步机友好并网技术
无功特性	无功输出受系统电压影响小，具备瞬时无功支撑和很强的短时过载能力	受系统电压影响大	受系统电压影响大	提供暂态支撑、稳态旋转惯量支撑、系统调频等多种服务。电站并网时无谐波电压、电流电能质量较高。暂态故障，可在 9ms 内瞬间提供 3 倍以上过载能力，帮助系统恢复。
无功响应时间/ms	<10	<20	<50	<10
转动惯量	真实旋转惯量支撑	虚拟惯量支撑	虚拟惯量支撑	真实旋转惯量支撑
过载能力	单机 3.5 倍，配变压器后 2.5 倍左右	1.1 倍	3 倍	单机 3.5 倍以上，配变压器后 2.5 倍左右
谐波电压、电流	有	有	光伏电站有谐波电压、电流	无，电能质量较好
宽频振荡	存在	存在	存在	不存在

由此可见，新能源同步机友好并网技术必将成为未来新能源大规模高速、高质量发展较完备的方案，可提升新型电力系统安全稳定运行能力。

2.4.6 新能源同步机友好并网技术与调相机成本分析

目前，新能源与调相机装机配比为 5：1。新能源同步机友好并网系统建设成本为 0.6 元/W，按照装机配比（5：1）和建设成本（1：1）分析，见表 2-6 和表 2-7。

表 2-6　　　　　新能源同步机友好并网系统与调相机装机 1：1：1 配比

增加成本	一次性 /万元	年费用 /万元	减少成本	一次性 /万元	年费用 /万元
同步机友好并网系统	6000	100	逆变器、箱变	3500	100
			SVG	400	15
			调相机	6000	250
合计	6000	100		9900	365

注　以 100MW 光伏电站为例，新能源同步机友好并网系统与调相机装机配比 1：1：1 分析，建设投资成本减少 3900 万元，年运营费用减少 265 万元。

表 2-7　　　　　新能源与同步机友好并网系统与调相机装机 5：1：1 配比

增加成本	一次性 /万元	年费用 /万元	减少成本	一次性 /万元	年费用 /万元
同步机友好并网系统	1000	17	逆变器、箱变	580	20
			SVG	400	15
			调相机	1200	50
合计	1000	17		2180	85

注　以 100MW 光伏电站为例，新能源同步机友好并网系统装机配比 5：1，建设投资成本减少 1180 万元，年运营费用减少 68 万元。

新能源同步机友好并网系统可实现单机 10MW/35kV 并网。大面积推广可进一步节省变压器、电缆等建设投资，建设规模越大，减少建设投资越多。

2.5　全国新增新能源装机分析

电源侧问题缓解后，新型电力系统发电量以新能源发电量为主，下面对"50％新能源发电量"条件下各电源装机容量及占比、发电量及占比进行计算。

（1）计算条件：新能源发电量占 50％（水电、核电装机量及发电量保持不变，各电源设备利用小时数保持不变），设定新能源电量可全部消纳或外送。

（2）根据 i 国网统计口袋书，2022 年全国发电量为 64000 亿 kW·h，假设年均增长率为 5％，2030 年全国发电量预计可达 94000 亿 kW·h。新能源发电量应大于 47000 亿 kW·h。各类电源装机容量及发电量见表 2-8。

表 2-8 　　　　　50%新能源发电量条件下，各类电源装机容量及发电量

电源类型	50%新能源发电量		50%新能源发电量		现有装机容量/万 kW	利用小时数/h
	发电量/(亿 kW·h)	占比/%	装机容量/万 kW	占比/%		
火电	35623.47	37.89	79524	20.70	102572	4390
水电	8784.67	9.34	25422	6.60	25422	3667
核电	2591.86	2.77	3482	0.95	3482	7946
风电	30598.1	32.55	138956	36.22	27948	2202
光伏	16413.05	17.45	136321	35.53	27396	1204
合计	94011.15	100	383705	100		

　　经计算可得，新能源同步机友好并网系统全面推广应用后，可保障交、直流系统安全稳定运行。新能源发电量占比 50%条件下，光伏可新增装机容量 10.89 亿 kW，风电可新增装机容量 11.1 亿 kW，火电减少装机容量 2.3 亿 kW。在此装机容量下，可减少二氧化碳排放量 47.54 亿 t。

第 3 章

新型电力系统 5G 数字化发展

电力通信网是为了保证电力系统的安全稳定运行而存在的。它是电力系统的重要基础设施，是确保电网安全、稳定、经济运行的重要手段，也是电力系统安全稳定运行的三大支柱之一。据了解，世界上大多数国家的电力公司都以自建为主的方式建立了电力系统专用通信网。

随着大规模新能源接入、用电负荷需求侧响应等业务快速发展，各类电力终端、用电客户的通信需求暴涨，海量设备需实时监测或控制，信息双向交互频繁，传统光纤通信专网难以满足海量采集控制终端的接入需求。以光纤为主的通信网络存在铺设成本高、建设周期长、运维成本高难度大等问题。在"双碳"目标及构建新型电力系统战略目标下，基于"源网荷储"协同互动的发展模式，电力系统之间大量信息的通信共享和"源网荷储"资源合理优化利用亟须先进的通信技术予以补充、保障。

5G 具有高速率、低时延、大连接等特征，是支撑能源转型的重要战略资源和新型基础设施。5G 与电力系统深度融合将有效带动能源生产和消费模式创新，为能源革命注入强大动力。为贯彻落实党中央、国务院关于加快推动 5G 应用的相关部署要求，拓展能源领域 5G 应用场景，探索可复制、易推广的 5G 应用新模式、新业态，有利于支撑能源产业高质量发展。

《"十四五"现代化能源体系规划》明确提出构建现代化能源体系，推动电力系统向适应大规模高比例新能源方向演进，加快能源产业数字化和智能化升级。展望 2035 年，新型电力系统建设取得实质性成效，碳排放总量达峰后稳中有降，能源高质量发展取得决定性进展，基本建成现代能源体系。

与此同时，在"双碳"目标的时代背景下，积极对电网数字化、智能化及配电网自动化进一步改造，越来越多的终端设备增加了远程控制及通信功能，如智能断路器、智能开关等。

5G 技术赋能也是大势所趋、电力行业所需。目前，我国 5G 的发展正值创新试点到规模应用的关键期，以 5G 技术赋能新型电力系统，即覆盖电网发、输、变、配、用全环节，有助于解决电力生产配电网差动保护和配电网智能分布式保护的无线对等通信技术应用难点。

3.1 新型电力系统 5G 网络架构

3.1.1 SA 组网

5G 网络部署有独立组网（stand alone，SA）和非独立组网（non - stand alone，NSA）两种策略，如图 3-1 所示。SA 组网方式将需要新建一个全新的 5G 网络，包括核心网、回程链路和新基站。而 NSA 组网方式则是利用现有的 4G 基础设施，采用双连接技术，实现 5G 与长期演进（Long Term Evolution，LTE）联合组网，并将 5G 微小站部署在高业务密度区域，满足大流量移动宽带业务需求。

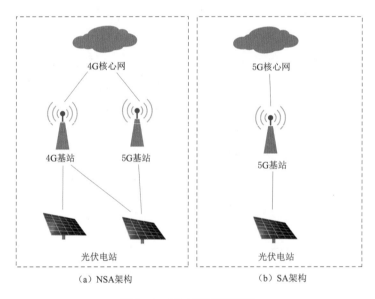

（a）NSA架构　　　　　　　　　（b）SA架构

图 3-1　5G 网络部署策略

独立组网（SA）下的 5G，除了传统业务，还扩展了更多的可能性，包括可以实现高可靠低时延类业务（URLLC）、大连接类业务（mMTC），并面向企业类客户的特定服务等；还可以给有需求的个人或企业或 App 专门分配"切片（slice）"。

5G 专网为新型电力系统通信提供了定制服务，实现电力系统通信在时延、安全性、网络可靠性、网络带宽等方面的个性化定制，通过下沉网元满足用户对专网的各项需求。

由于 5G 基站的信号覆盖范围较小，所以需要在电站附近安装 5G 基站以保证 5G 网络的覆盖。基站的建设可以分为独立部署基站建设与公网共享基站建设，独立部署基站建设，即基站只负责电站内部通信，不负责外部通信，这样部署安全性极高，但是会出现部分时间基站闲置造成资源浪费，而且还需专门的维护人员对无线 RAN 侧的信号进行单独调制以避免与公网信号之间的相互干扰，且建网成本较高；公网共享基站则是让无线数据流量在 5G 基站上实现分流，属于公网的数据流量将传送到公网用户平面功能（User plane Function，UPF），而属于专网的数据流量则传送到专网 UPF，这样也实现了数据的隔离，且建网周期短，部署成本较低。

3.1.2　数据同步技术

时间同步系统是一种能接收网布时间基准信号，并按照要求的时间精度向外输出时间同步信号和时间信息的系统，它能使网络内其他时钟对准并同步。光伏电站运行过程中的电压、电流、相角都是与时间强相关的特征量，且电力网络在运行时需要同时控制发电、输电和配电等设备，对不同设备采集到的数据进行同期分析，即保持不同地点的监测设备内部时钟的时间同一性是状态准确监测的前提。因此建设一套具备覆盖广、精度高、稳定性强的时间同步网络是目前电力系统稳定性研究的基础。在使用无线网络传输时，会有一定的网络延迟，并且不同的系统之间，其时间也会有一定的差异。因此电网系统的数据传输，尤其是对电网运行控制系统的数据和命令传输都需要进行时钟同步，即采用统一的卫星时钟作为基准时钟。

当前阶段，5G 无线终端不支持对时输出，只能采用外部时钟同步，通过外部授时系统（北斗授时和 GPS 授时）实现数据同步。采用 GPS 授时或北斗授时，对采样值传输报文标记绝对时标及采样序号，从而实现光伏电站控制所需采样数据的同步。北斗系统的功能之一是提供高精度的时间供人们使用，北斗卫星接收器能长期地为电力系统提供稳定的时钟源。这就保证了不同设备的时钟是统一的，其误差是纳秒级的。北斗授时系统是针对自动化系统中的计算机、控制装置等进行校时的高科技产品，北斗授时产品从北斗卫星上获取标准的时间信号，将这些信息通过各种类型接口传输给自动化系统中需要时间信息的设备（如计算机、保护装置、故障录波器、事件顺序记录装置、安全自动装置、远动 RTU），这样就可以达到整个系统的时间同步。基于 5G 通信的数据同步方法如图 3-2 所示。

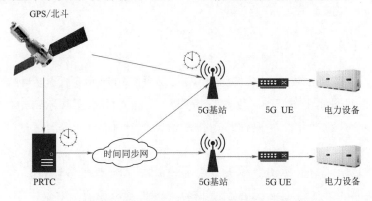

图 3-2　基于 5G 通信的数据同步方法

北斗时钟同步技术是通过北斗卫星与地面北斗接收设备进行多次通信，然后计算出北斗接收设备与对应卫星的距离、卫星发出信号传递到北斗接收设备所产生的时延参数等信息，通过这些参数信息修正北斗接收设备输出的秒脉冲频率和含有地理为主与时间信息等北斗报文。用户通过串口接收设备可以解析出北斗接收设备输出的信息，从而为系统提供准确的时间信息。

北斗时钟信息由能解码北斗发送信息的接收器来完成。接收器由天线和接收模块组成。接收器收到时钟信息后对这些信息进行解码，并做相应处理。

3.1.3 移动边缘计算

为了满足用户对低时延传输的需求以及解决现有网络架构利用集中式的数据存储、处理模式对回传带宽造成的巨大压力，提出在靠近数据产生的网络边缘提供数据处理的能力和服务，即移动边缘计算（Mobile Edge Computing，MEC）。移动边缘计算为用户提供了极低时延、专属的计算服务。首先，根据用户需求在 MEC 设备中部署下沉网元从而满足用户 5G 专网搭建的需求，为用户提供安全高速的专网服务；其次，用户可以根据自身业务需要在 MEC 设备中部署安装业务软件，从而为自身业务提供时延更低的处理服务。传统云端部署将所有计算设备集中布置在云端，造成通信时延长、通信带宽占用率低、服务器接入压力大等情况，影响用户体验。移动边缘计算技术将部分计算设备部署在用户侧，从而实现了业务本地化，减少了中心服务器压力，降低了通信时延，保证了数据的安全性。

移动边缘计算主要由 MEC 设备、MEC 计算平台、MEC 计算软件等组成，MEC 设备为具有计算和存储能力的物理设施，包括通用或者定制化服务器、一体机设备等硬件设备，主要负责为用户提供业务处理的计算能力以及存储数据安装应用的存储空间；MEC 计算平台主要负责管理分配虚拟资源，为用户分配可用边缘服务，提供信息技术、通信技术、数据中心技术等服务，允许用户安装第三方软件等；MEC 计算软件则是用户或运营商安装在边缘计算设备中的应用软件，为用户提供加速业务，包括图像处理、大数据计算、AI 算法等。

3.1.4 UPF 下沉技术

UPF 下沉即将核心网中 UPF 控制和网元下沉至用户侧，使用户独享专用的 UPF 设备。5G 核心网网元中的 UPF 负责支持用户设备（User Equipment，UE）业务数据的路由和转发、数据和业务识别、动作和策略执行等。UPF 下沉的实现是基于 5G 核心网引入的服务化架构（Service Based Architecture，SBA），SBA 将传统的以网元和信令传输为基础的网络架构转变为以服务和应用程序接口为主的服务架构，此架构实现了网络功能的灵活组合，能够支撑业务的敏捷提供和能力开放。

通过网络功能虚拟化（Network Function Virtualization，NFV）技术与 MEC 可以将提供 UPF 功能的设备部署在园区内，实现 UPF 下沉。NFV 技术将传统的服务商业务部署到通用物理硬件虚拟化所形成的虚拟云平台，实现了软硬件的解耦；而 MEC 是为了缓解回传带宽的巨大压力，提升用户体验，通过在靠近数据产生的网络边缘提供数据处理的能力和服务，分担了核心网与云中心的运行压力，并在物理上降低了通信的时延。

一方面，UPF 下沉使得数据路由的物理距离减短，令通信时延相较于 5G 公网与虚拟专网进一步降低；另一方面，UPF 下沉将生产终端与办公终端等内网 5G 业务流量分流到客户企业信息化网络，可实现数据不出园区。

基于 UPF 下沉的 5G 专网部署模式示意如图 3-3 所示。

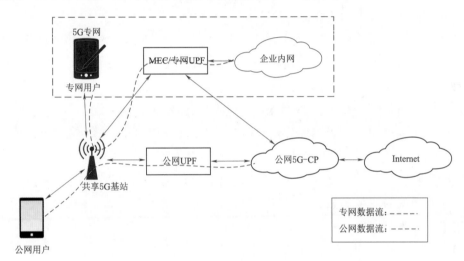

图 3-3 基于 UPF 下沉的 5G 专网部署模式示意图

3.1.5 5G 网络切片

5G 网络切片技术是将同一个 5G 物理网络切分成多个虚拟的逻辑网络，物理网络根据时延、带宽、安全性、可靠性等业务需求进行划分，以适应不同的应用场景。

5G 网络切片由无线网子切片、核心网子切片和承载网子切片三类子切片组成，并通过端到端的切片管理系统实现网络切片的全生命周期管理。

（1）无线网子切片满足了 5G 网络不同用户和业务场景接入网络的差异化需求，通过切片技术将单一物理接入网络划分为拥有不同资源、不同协议进程以及不同承载能力的逻辑网络。无线网络切片也是一种使多种无线接入技术共存和不同运营商实现频谱共享的重要方法。

（2）核心网子切片主要是为了满足三大应用场景对核心网不同的功能和性能要求。核心网子切片采用 NFV、软件定义网络（Software Define Network，SDN）、

SBA 等技术实现了不同需求场景下网络切片的需求。

（3）承载网子切片是通过对网络的拓扑资源（如链路、节点、端口、承载网元内部资源）进行虚拟化，按需组织形成多个虚拟网络（vNet）。5G 承载网是一个支持多业务服务的网络，既支持 3GPP 业务（uRLLC、eMBB、mMTC 等），也支持非 3GPP 业务的承载，因此承载网子切片之间需要相互隔离，适配各种类型服务并满足用户的不同需求。FlexE、RSVP_TE 隧道及 VLAN 等技术，满足不同隔离要求下的切片需要；FlexE、FlexO 等创新技术的采用使虚拟网络/切片具备刚性管道能力，满足高隔离要求下的底层快速转发；SDN 架构的层次化控制器，实现物理网络和切片网络的端到端统一控制和管理，满足不同类型切片业务对传输的要求。

5G 网络根据用户需求，将网络切片分为 L0～L4 五个等级，不同等级的子切片为用户提供了更贴合需求的服务。

（1）无线网子切片根据用户对空口时延、可靠性、隔离的要求对切片进行分级。L0～L2 等级切片主要应用于公众网用户，为普通用户提供服务；L3 与 L4 等级切片为用户提供了独享的资源切片，适用于对业务隔离度要求以及安全性要求高的业务。

（2）核心网子切片根据用户需求的核心网硬件资源、网元功能等将切片进行分级。L0 与 L1 等级切片主要服务公众网用户，为用户提供上网、视频、游戏加速等业务；L2 等级切片主要服务于行业网中的普通用户，为用户提供游戏加速、4K/VR/AR 直播等业务；L3 等级切片服务于行业网的 VIP 用户，主要应用于医院本地网、工业园区本地网等业务场景；L4 等级切片为用户提供了完全独占的核心网资源，主要应用于公安应急网络、电力 I/II 区业务等。

（3）承载网子切片根据用户对传输网安全与可靠性的需求，提供不同等级的承载网子切片。L0 与 L1 等级切片主要应用于个人用户上网、浏览视频、云游戏等业务；L2 等级切片应用于固定接入区域的垂直行业生产类业务，如电网、制造、医疗等领域；L3 等级切片应用于固定接入区域的垂直行业生活类业务，如政企专线、抄表采集、视频监控等业务；L4 等级切片为用户提供了专线业务，多服务于政府/党政军/金融专线等业务。

以光伏电站为例，结合电站实际情况，为 5G 电站设计了站内功率控制与光伏电站智能运维两类需求场景。针对这两类场景设计相对应的网络切片，站内功率控制对通信时延与可靠性的要求较高，所以对切片等级的要求较高。

根据切片定义等级对 5G 网络切片的需求进行设计：

（1）在站内功率控制场景下，接入的设备数量较多，且对通信的时延需求较高；因此，无线网子切片，应采用 L3 等级以上的子切片，承载网切片应采用 L2 等级以上的子切片，核心网子切片应采用 L3 等级以上的子切片。

（2）在站内智能运维场景下，由于需要进行实时的视频监控，所以对数据传输的带宽要求较高，而对时延的要求并不是特别高，所以针对核心网子切片可以下降要求至 L2 等级子切片，从而减少在切片上的支出。

3.1.6 传输数据结构

以光伏电站为例，在5G技术应用于光伏电站的相关应用场景中，需要采用专门的通信管理机。通信管理机内需要安装协议转换器，内部集成多种协议。逆变器控制指令采用 UDP/IP 协议，数据采用 IEC 61850 标准的 SV 和 GOOSE 格式封装在 UDP 报文中传输。采样测量值（Sampled Measured Value，SMV），也称为 SV（Sampled Value）。面向通用对象的变电站事件（Generic Object Oriented Substation Event，GOOSE）是 IEC 61850 标准中用于满足变电站自动化系统快速报文需求的机制，主要用于实现在多智能电力设备（Intelligent Electronic Device，IED）之间的信息传递，包括传输跳合闸信号（命令）等，需要具备高传输成功概率。基于 GOOSE 报文的网络传输代替传统的硬接线，可实现开关位置、闭锁信号和跳闸命令等实时信息的可靠传输。主要依赖于各智能设备的通信处理能力以及 GOOSE 网络的组网方案以满足继电保护可靠性、实时性、安全性能的要求。GOOSE 报文在 MAC 层的帧结构见表 3-1。

表 3-1　　　　　　　　　　　GOOSE 报文在 MAC 层的帧结构

Header MAC	MAC 目的地址（6B）	网络数据类型	Ethertype（2B）＝0x88B8
			APPID（2B）＝0x0000～0x3FFF
	MAC 源地址（6B）		Length（2B）＝8＋m
Priority tagged	TPID（2B）＝0x8100		Reversed1（2B）＝0x0000
			Reversed2（2B）＝0x0000
	TCI（2B）		APDU

由于光伏电站采集到的三相电压以及电流要求刷新频率较高以满足采样进度，因此 SV 报文传输电流、电压采样值，其传输机制为固定高频率传输。SV 作为一种用于实时传输数字采样信息的通信服务，它可用于变电站内电子式电流或电压互感器（ECT 或 EVT）的合并器和诸如继电保护这样的间隔层设备之间的通信，对采样频率有更高的要求，或者除了通用数据集以外还需要其他采样值数据集，或者是采用了间隔之间的通信和同步。

3.1.7 网元容灾及通信安全保障方案

下沉网元容灾方案如图 3-4 所示，UPF ULCL＋PSA 双主负荷分担部署，即用户设备 UE1 和 UE2 通过两个锚点都可以访问本地数据中心与 Internet，所有的访问均由 SMF 选择和控制。在故障前，UE1 通过 UPF ULCL＋PSA－1 访问本地数据中心，经过 UPF ULCL＋PSA－1 的分流再通过 UPF PSA－0 访问 Internet；同理 UE2 通过 UPF ULCL＋PSA－2 访问本地数据中心，经过 UPF ULCL＋PSA－2 的分流再通过 UPF PSA－0 访问 Internet。

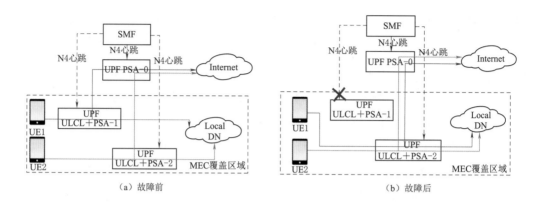

图 3－4　下沉网元容灾方案

出现故障后 SMF 基于 N4 心跳探测到 UPF ULCL＋PSA－1 故障，则去活 UPF ULCL＋PSA－1 上的用户，用户重新激活时，选择 UPF ULCL＋PSA－2 创建用户会话，即 UE1 与 UE2 都通过 UPF ULCL＋PSA－2 访问本地数据中心，通过 UPF ULCL＋PSA－2 分流后经过 UPF PSA0 访问 Internet。

该方案需要在园区内部署 2 个以上的边缘 UPF 节点，保证数据通信的稳定。

园区专网的安全需求主要包含物理安全、网络接口和访问控制安全、流量控制安全、数据安全、病毒防护、MEP 开发配置安全等，专网安全需求设计内容如下。

1. 物理安全

机房须具备防拆防盗防恶意断电等物理安全保护机制；不允许移动物理链路，关闭不使用的网络接口；不允许从其他未知存储设备中启动系统；不允许接入未知设备。

2. 网络接口和访问控制安全

仅允许指定 IP 和 MAC 地址的园区设备进行通信；不允许边缘设备主动发送报文；关键区域应架设防火墙实行隔离与访问控制。

3. 流量控制安全

对用户带宽进行限制，防止信道堵塞。

4. 数据安全

只在会话阶段保留用户的敏感信息，会话结束后立即清除相关信息；对账号密码等敏感信息进行加密存储。

5. 病毒防护

为园区 UPF 配备防病毒软件，支持实时、手动、预设等扫描方式。

6. MEP 开发配置安全

对 API 接口调用采用证书等方式进行认证与鉴权，防止 API 非法调用；对传输参数进行签名验证，防止信息被篡改；启用 API 白名单，限制可接入的应用，并对请求进行数据包的合法性校验。

3.2 新型电力系统 5G 通信网络安全防护

3.2.1 安全防护整体架构

以新能源场站为例，新能源场站安全防护方案如图 3-5 所示，安全防护通过 5G 接入的两次鉴权认证实现各类终端的安全接入。主要设备包括二次鉴权装置和 5G 安全接入装置。一次鉴权通过 GSMA 标准的 eSIM 芯片与 5G 核心网实现，二次鉴权通过安装了国网统一密码服务平台签发的数字证书的 eSAM 芯片与二次鉴权装置实现。两次鉴权通过后，5G 安全接入装置与二次鉴权装置建立 VPN 连接，并由二次鉴权装置为 MAC 白名单中的逆变器等终端设备分配业务 IP，实现 5G 专网承载新能源场站终端设备的安全接入，保障业务通信的安全。

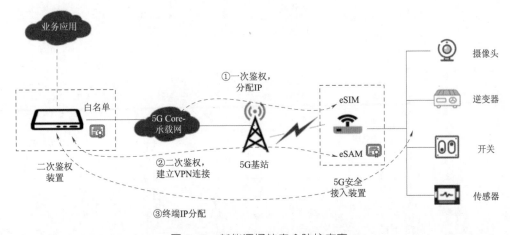

图 3-5 新能源场站安全防护方案

3.2.2 安全防护核心功能

（1）一次鉴权。5G 安全接入装置通过内置的 eSIM 芯片和 5G 通信单元，完成与 5G 核心网初始化注网，获取 5G 网络 IP 地址。

（2）数字证书。国网统一密码服务平台签发的数字证书（设备证书），用于标识各种设备身份，包含设备基本信息和在业务系统内的唯一属性，可与设备实体进行绑定。主要用于设备身份认证以及基于设备证书完成 5G 安全接入装置二次鉴权。

（3）二次鉴权。二次鉴权由二次鉴权装置和 5G 安全接入装置通过数字证书安全认证完成。二次鉴权装置和 5G 安全接入装置安装国网统一密码服务平台签发的设备证书和证书链，并将设备证书和随机数签名值发给对方，验证设备证书有效性和签名值验签，完成二次鉴权。

（4）VPN 连接。二次鉴权成功后，5G 安全接入装置与二次鉴权装置间建立起 VPN 连接。二次鉴权装置根据 5G 安全接入装置与终端设备之间的绑定关系，依据 MAC 地址白名单为业务设备分配业务 IP 地址，禁止非法的 MAC 地址接入系统。

安全防护业务流程如图 3－6 所示。

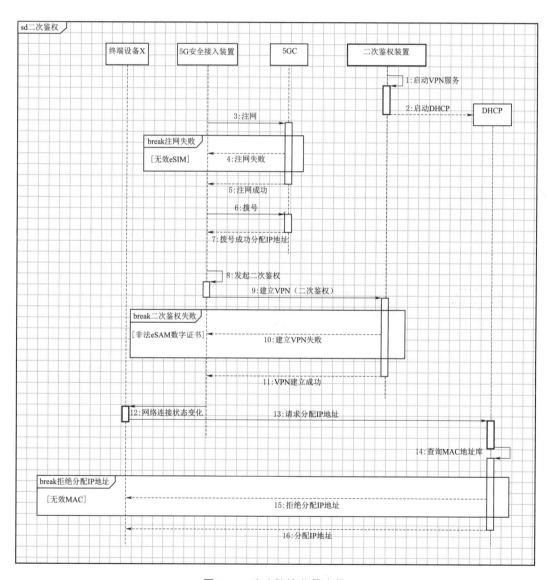

图 3－6　安全防护业务流程

3.3　新型电力系统 5G 应用场景及方案

新型电力系统领域 5G 应用总体处于发展初期阶段，尚需深入挖掘应用场景、完善配套支撑体系、培育有竞争力的商业模式。基于当前发展阶段，以新能源场站为主体，本节梳理了具有一定发展前景的典型应用场景。随着技术进步，预期后续其他应用场景也将获得进一步拓展，并演化出丰富多彩、形态各异的新模式、新业态。

3.3.1　5G＋智能电厂

面向智能电厂的 5G 组网和接入方案，综合利用物联网、大数据、人工智能、云计算、移动边缘计算等技术，在确保电厂安全的前提下，实现生产控制、智能巡检、运行维护、安全应急等典型业务场景技术验证及深度应用，在新能源领域形成一批 5G 典型应用场景。

1. 5G＋生产控制

基于 5G 及 TSN、工业以太、工业互联网平台应用等技术，将生产现场的各类控制设备、执行机构等快速接入工业控制系统，支撑各类实时数据采集和远程控制。

以光伏电站为例，从站内功率控制方面进行应用层的设计，利用 5G 技术的高容量优势接入多种感知设备，利用 5G 技术低时延优势实现百毫秒内的响应速度，通过独立切片技术建立感知设备、动作设备、控制中心之间的端到端安全通道，加强信息耦合，可实现更加复杂的指令下发。控制中心——逆变器的运行控制总架构如图 3-7 所示。

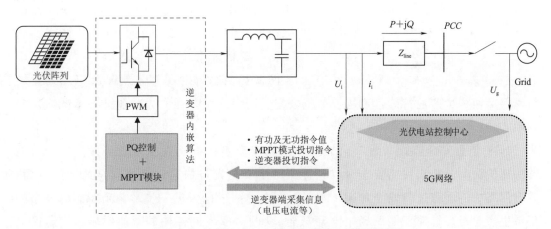

图 3-7　控制中心——逆变器的运行控制总架构

在具体的控制环节中，基础的控制算法嵌入到逆变器内置的芯片中（通常为 DSP 电路），主要包含 MPPT 算法模块以及 PQ 控制算法，较先进的逆变器会采用低压穿越及孤岛检测等算法。算法的先进程度和丰富程度根据逆变器信号和生产厂家的不同而各有不同。光伏电站的控制中心通过 5G 网络，利用 GOOSE 报文下发算法切换指令和参考功率指令。

控制运行的总逻辑分为有电网调度指令和无电网调度指令两类。在无电网调度指令时，采用最大功率算法控制光伏逆变器发电。在有电网调度指令时则根据电网调度指令下发的功率指令，分配到各个逆变器单元进行发电。控制中心——逆变器的运行控制总逻辑如图 3-8 所示。

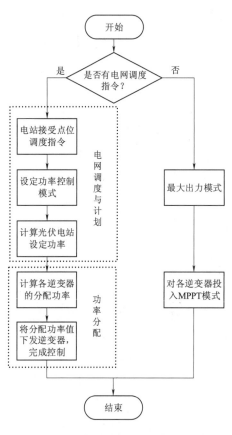

图 3-8　控制中心——逆变器的运行控制总逻辑

2. 5G＋信息安全监管

电力、能源等重点领域的工业控制系统是涉及国计民生的重要信息系统和国家关键信息的基础设施，2017 年发布的《中华人民共和国网络安全法》中对重点领域工业控制系统，尤其是涉及国计民生的重要信息系统和国家关键信息基础设施的安全保护有明确规定。同时《关键信息基础设施安全保护条例》（中华人民共和国国务院令第 745 号）、《网络安全等级保护条例（征求意见稿）》、《国家能源局关于加强电力行业网络安全工作的指导意见》（国能发安全〔2018〕72 号）等相关制度中，均要求电力企业提升安全态势感知、安全防护、应急响应与处置能力，建设新能源行业安全监测与感知平台，提高工业网络安全态势的感知、预警及应急处置能力，保障业务生产的持续性和工业数据安全、网络安全，在电力行业开展示范应用工程中心建设。

5G＋信息安全监管（图 3-9）是在网络安全事故即将发生或已经发生之时，能够快速检测并分析出网络安全事件，提醒网络安全人员快速隔断不安全的网络行为，并对网络中的弱点进行安全加固，避免不安全的网络行为进一步影响到新能源电站的正常生产运行。针对新能源场站信息安全，基于 5G 专网传输的新能源场站信息安全监控将有效发挥在国家新型信息安全战略实施中的前沿堡垒作用，弥补行业缺乏安全服务支撑的短板，采用机器学习、大数据等技术，利用集约化手段，通过提供线上安全态势感知服务的模式，聚合业内服务能力，快速建立监测预警机制，提高行业综合防护能力，并促进基于 5G 专网传输的新能源场站工业控制系统的资产可知、应用可知、数据可知、安全可知，最终逐步形成基于 5G 专网传输的新能源场站立体化安全协同防御体系。通过基于 5G 专网传输的新能源场站信息安全监控能够有效降低生产网络中的各种风险，提高企业生产的连续性和稳定性，有利于保障企业的安全生产。

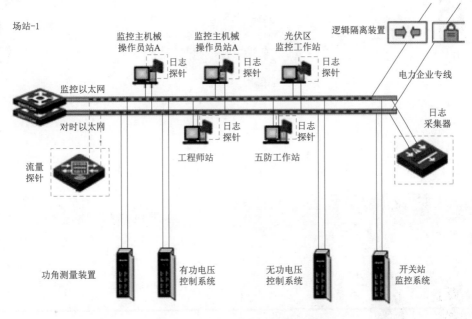

图 3-9　5G＋信息安全监管示意图

3. 5G＋智能巡检

针对场站运维成本高、巡检周期长等问题，搭建基于 5G 专网传输的小型旋翼无人机巡检系统（3-10）及智能机器人自动巡检系统（图 3-11）。搭载红外热成像仪

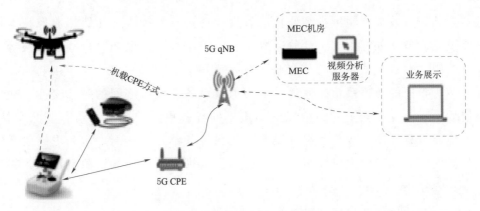

图 3-10　5G 无人机巡检系统

及高清摄像仪双光摄像头进行高机动性、大范围和高效的巡检，自主实现遮挡、破损、碎片、缺失、污染等故障的检测，通过 GPS 以及无人机群编队功能实现故障定位，借助先进的图像处理算法对故障进行筛选和甄别，并向维护人员提供准确的故障位置，以显著提升巡检效率并降低运维成本。

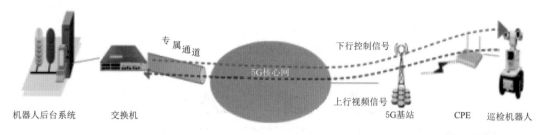

图 3-11　5G 机器人巡检系统

4. 5G＋智能运维

将定位模块集成在安全帽或其他可穿戴终端上，让工作人员随身穿戴，通过

图 3-12　5G 智能头盔应用场景

GPS/北斗定位芯片，实时获取现场人员在作业过程中的肢体位置，现场定位系统实时将定位信息通过 5G 传输至智能安全管控系统，平台识别并通过 5G 发送安全告警信息至安全帽或手表进行安全告警。5G 智能头盔应用场景如图 3-12 所示。

5. 5G＋安全防御与预警

构建以 5G 技术和 AR 实景为核心的智能可视化预警平台系统，实现大范围视频监控覆盖，以最直观方式展示电站全景，有效提升园区视频监控的管理和使用效率。通过红外热成像技术对电站重要设施设备（如变压器、套管、断路器、刀闸、电力电缆、母线、导线等）进行 24h 监视。通过电站系统与信息技术的完美融合，把设备用 5G 连接起来，形成更开放、更积极的通信系统。通过设备与人或设备与设备之间的对话交互，使电站在不依赖于人甚至独立于人的情况下实现不同设备单元的灵活、动态监测和控制，并且系统能自我更新、智慧升级，以最优化系统各单元的性能，达到更高的系统效率、更方便的运维和监控以及更快捷的通信和管理，从而增加资源利用率，提高发电效率和收益率。

5G＋安全防御与预警示意如图 3-13 所示。

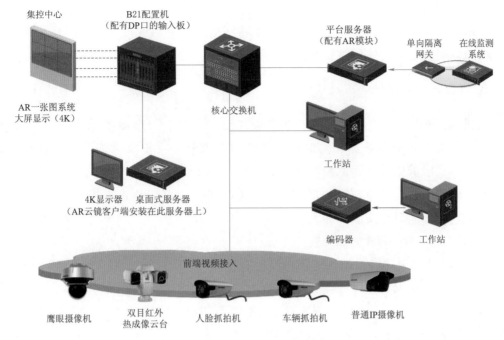

图 3-13 5G＋安全防御与预警示意图

3.3.2 5G＋智能电网

搭建融合 5G 的电力通信管理支撑系统和边缘计算平台，重点开展输变配电运行监视、配电网保护与控制、新能源及储能并网、电网协同调度及稳定控制等典型业务场景现网验证及深度应用，探索 5G 网络切片服务租赁、电力基础设施资源与通信塔跨行业资源共享等商业合作模式，形成一批"5G＋智能电网"，典型应用场景。

1. 5G＋输变配电运行监视

基于 5G 网络高速率、大连接特性和边缘计算等技术，开展输变配机器人巡检、无人机巡检、高清视频监测等，推动微气象区域监测与辅助决策、输电线路灾害监测预警与智能决策、全天候远程通道可视化等业务深度应用。

2. 5G＋配电网保护与控制

利用 5G 网络高速率、低时延的特性，将配电自动化终端就地接入 5G 网络，实现配电自动化终端远方操作控制、远方定值修改、故障定位隔离等功能，提升配电网故障自愈能力。

3. 5G＋新能源及储能并网

针对新能源发电及储能系统并网运行监测与控制需求，基于 5G 网络低时延、高可靠特性和边缘计算等技术，开展新能源发电功率预测、储能充放电控制、有功无功控制等业务应用，提升新能源接入电网的安全性和稳定性。

4. 5G＋电网协同调度及稳定控制

利用 5G 网络低时延、高可靠特性，开展分布式能源调度控制、电网稳定控制等业务应用，提升电网的协同调度和安全稳定运行能力。

3.3.3 5G＋综合能源

依托 5G 网络实现电、气、冷、热多种能源灵活接入，全面整合能源控制参量、能源运行、能源使用等数据，实现智能量测、需求响应、传输网络以及服务平台管理，构建"源网荷储"互动调控体系，重点开展能流仿真与生产控制、分布式能源管理、虚拟电厂、智能巡检与运维等典型业务场景 5G 深度应用，支撑构建灵活互动、开放共享的综合能源创新服务体系。

1. 5G＋能流仿真与生产控制

基于 5G 网络大连接、低时延、高可靠特性和网络切片等技术，实现"源网荷储"系统设备的全部接入，支撑各类数据实时采集、远程控制和建模分析。将生产控制系统与 5G 网络进行深度融合，实现多种能源的灵活接入和智能调控，提升生产控制系统的实时性和稳定性。

2. 5G＋分布式能源管理

搭建基于 5G 网络的分布式能源管理平台，整合各种能源数据，基于 5G 大连接特性和边缘计算等技术，实现分布式能源海量智能设备的数据分析、通信共享和调控管理。

3. 5G＋虚拟电厂

基于 5G 网络大连接、低时延特性和网络切片等技术，实现对海量数据的实时感知、电力市场交易毫秒级传输、负荷精准控制以及用户负荷感知与调控，提升虚拟电厂的能源利用效率和调度运营能力。

4. 5G＋智能巡检与运维

基于 5G 网络高速率、低时延特性和边缘计算等技术，实现设备运行数据实时获取、实时分析、实时判别，支撑智能巡检、远程消缺、AR 辅助检修及远程专家支持等作业，提升综合能源系统的稳定性和可靠性。

3.3.4 5G＋智能建造

（1）现场采集：基于 5G 高速率、高可靠、低时延特性，利用 5G＋无人机采集电力系统施工现场的地形地貌数据，为智慧工地、总平面规划及设计提供三维实景模型；通过智能设备、预制传感器等采集现场建造数据，并与三维设计模型数据对比，实现对施工过程的实时控制。

（2）电力系统工地作业：基于 5G 网络大连接、高速率、低时延特性和边缘计算、

5G 高精度定位等技术，通过边缘云设备采集移动摄像机视频图像、安全帽、人员定位、环境监测、吊钩可视化（塔吊防碰撞）人脸识别等数据，满足施工现场信息设备快速部署和人员移动作业需求。

（3）远程监造：基于 5G 高速率、低时延特性和边缘计算、AR 等技术，实现远程在线检查见证、自动记录报告、前后台互动支持、智能辅助等远程监造功能，实现关键部位施工质量、施工工序、施工次数、施工标准的自动测量。结合云化机器人，实现危险作业的远程控制和非人工处理。

（4）电力系统工地安全：基于 5G 高速率等特性和人脸识别、大数据处理、边缘计算等技术，开展视频监控与人员行为分析，实现对人员、车辆、危化品安全管控，以及高风险作业、交叉作业等的安全管控。通过 5G＋AR、VR 的应用改变传统培训方式，以体验式、交互式的方式进行安全培训。

第 4 章

新型电力系统负荷侧

由于电能的生产与消耗过程是实时的，在不考虑储能的情况下，电力系统追求电源侧产生的电能能够及时被负荷侧消纳，实现电能的能源转化，为国家发展创造更多的社会效益及价值。在我国"构建以新能源为主体的新型电力系统"战略目标下，构建新型电力系统仍要平衡好电量与电力之间的关系。以新能源为主体的电力系统电源侧波动性、随机性更强，且主动支撑性变革技术解决的多为电力问题，同时储能用于解决电量问题的成本过高。因此，将负荷侧进行"灵活性"改造形成可调负荷是解决新型电力系统调峰、电量分配的有效途径之一。

明确可调节负荷的定义及分类，可为传统负荷进行"灵活性"改造提供思路。当下我国大型传统负荷的主要形式为各项能源活动，如煤油气资源的开发及生产，重金属工业、制造业等也是消耗电能的主要负荷。传统负荷用电存在明显的峰谷特性，其用电负荷往往易于预测，便于调度中心制定功率曲线促进清洁能源消纳。

随着我国经济社会的发展，国民用电负荷逐年升高，为电网电力供给能力带来了更严峻的考验。我国人多地广，各类自然资源丰富，适宜围绕能源活动发展各类新的可调节负荷。本章针对我国电源侧及负荷侧发展特点，为构建清洁、低碳的新型电力系统体系，制定电能与氢能、生物质天然气等可调可控柔性负荷协同互动的电力系统运行蓝图。构建清洁低碳、高效可控、物质循环的综合能源负荷侧，是形成"源网荷储"即时动态响应和高效协同互动的新型电力系统的关键一环。

4.1 负荷侧结构

4.1.1 负荷侧发展历程及趋势

中国电力企业联合会曾对我国电力负荷侧发展历程进行了梳理总结，我国电力负荷侧发展历程可分为以下 3 个阶段：

（1）20 世纪 90 年代为起步阶段，电力负荷侧体系雏形建立。

（2）21世纪第一个10年，电力负荷侧体制进入规范阶段。

（3）自2010年以来，电力负荷侧处于迅速发展与变革阶段。

据《2020—2025我国电力电量需求分析与展望》报告，2020年、2021年，我国电力负荷侧全社会用电量持续超预期增长，我国全社会用电量在月度、季度、年度三个维度均实现了超出预期的高速增长；全社会用电量增速为3.96%和10.67%，用电弹性系数大幅度上升，达到1.72和1.32，位居近十年前二。综合来看，2017—2021年我国用电量复合增速为7.03%，较2012—2016年的4.71%提升了2.32%，用电增速中枢抬升明显。随着我国人均收入的提升以及经济结构转型升级的持续进行，近十年来，第一产业、第二产业用电量在总电量中的占比呈现持续走低的趋势，2021年，第一产业与第二产业用电量占比之和为68.8%，较2011年下降8.4%；与之相对应的是，2021年第三产业与居民生活用电量合计占比达31.2%。

综上，我国电力负荷侧，第一产业、第二产业用电量仍然占据了很高比重。为了推动低碳绿色发展，应对全球气候变化，我国积极响应《巴黎协定》。

随着我国"双碳"目标的确立，我国生态文明建设、能源体制迎来了新的发展方向，同时"构建以新能源为主体的新型电力系统"战略目标的确定，电力负荷侧尤其是能源产业迎来了能源转型契机。能源转型是从一种燃料向另一种燃料持续减碳的过程，薪柴的碳氢比为10:1，煤炭为1:1，石油为1:2，天然气为1:4，最终为零碳氢能。为进一步形成"源网荷储"高效协同互动的新型电力系统，负荷侧可大力发展可控可调能源负荷，在配合电网电能分配职能的同时，逐步完成能源转型，形成动态可调的创新综合能源体系。

4.1.2　传统能源负荷

我国传统能源负荷以煤炭、石油、天然气的生产及供热为主，"双碳"目标的提出给传统能源行业带来前所未有的挑战。石油、煤炭、天然气和电力是"降碳"的主要行业，而在这些能源活动中，电力行业起枢纽作用，是一切能源活动的根本动力。因此，明确传统能源负荷的特点，以能源转型、清洁低碳高效替代、灵活性改造为目的分析传统能源，方能为新型电力系统电力负荷侧提供新的运行思路。

4.1.2.1　煤炭产业及其用电负荷

1. 产业特点及发展趋势

国务院新闻办公室发布的《新时代的中国能源发展》白皮书指出，我国已经基本形成了煤、油、气、电、核、新能源和可再生能源多轮驱动的能源生产体系。初步核算，2019年我国一次能源生产总量达39.7亿tce，为世界能源生产第一大国。据介绍，煤炭仍是保障能源供应的基础能源，2012年以来原煤年产量保持在34.1亿~39.7亿t。努力保持原油生产稳定，2012年以来原油年产量保持在1.9亿~2.1亿t。

天然气产量明显提升，从 2012 年的 1106 亿 m^3 增长到 2019 年的 1762 亿 m^3。电力供应能力持续增强，累计发电装机容量 20.1 亿 kW，2019 年发电量 7.5 万亿 kW·h，较 2012 年分别增长 75％、50％。

我国的能源资源特点是"多煤、贫油、少气"，在未来相当长一段时期内，煤炭作为基础能源的地位难以改变，但因"双碳"目标的建立现已呈现用需下降的趋势。当前我国经济增速放缓，结构调整加快，能源需求强度下降，清洁能源快速发展，煤炭需求减弱，煤炭供需失衡矛盾日益突出，生产和利用环境约束加剧，煤炭发展空间受到压缩。同时，国际煤炭市场供需形势宽松，国内煤炭产能过剩局面已形成，进口煤对国内市场冲击加大，煤炭发展形势严峻。

煤炭长期以来支撑我国经济和社会发展，是我国能源安全保障的压舱石、稳定器。能源安全是关乎国家经济社会发展的全局性、战略性问题。尤其当外部环境发生变化时，能源安全保障面临的不确定因素就会更多，把能源安全牢牢抓在自己手中，必要且紧迫。我国能源资源禀赋特点决定了必须长期坚持煤炭清洁高效利用道路。在全国已探明的化石能源资源储量中，煤炭占 94％左右，是稳定经济、自主保障能力最强的能源。尽管煤炭在一次能源消费中的比重将逐步降低，但在相当长时间内煤炭的主体能源地位不会变化。深刻认识我国能源资源禀赋和煤炭的基础性保障作用，做好煤炭清洁高效可持续开发利用，是符合当前基本国情、基本能情的选择。

针对以煤炭为主的能源结构，我国一直将煤炭清洁高效利用作为国家科技计划重点支持方向和煤炭产业发展方向。经过几十年的发展，已形成一批具有自主知识产权的煤炭清洁高效利用技术，培养和汇聚了一批高水平创新人才和团队，支撑煤炭产业持续向清洁低碳、安全高效方向发展。展望未来，我国煤炭工业发展前景广阔。煤炭仍将以其资源可靠性、价格低廉性和利用的可洁净性作为我国主体能源而存在。随着我国经济向高质量发展推进，能源利用的清洁化和低碳化的重要性日益凸显。同时，对"清洁能源"的界定也应进一步细化，实现了清洁高效利用的煤炭就是清洁能源。

2. 负荷特点

传统煤炭产业，其能源生产用电负荷主要在于煤矿用电方面，利用压缩空气进行采矿掘进用电约占总用电负荷的 10％，采煤、皮带传输、提升机、通风用电约占总用电负荷的 30％，排水用电占总用电负荷的 15％～25％，剩余负荷为照明、人体传感器、控制器等相关电气设备用电。其中，属于一级负荷、二级负荷的设备约占 70％以上。

综上所述，煤炭采集方面，其负荷特性偏向于刚性负荷。新型电力系统的构建，需根据煤炭产业用电负荷曲线分析用电变化，通过制定相应的供电计划以实现错峰用电，尚不具备灵活性改造的可能。

随着新兴能源的发展，我国正逐步实现能源转型及清洁能源替代，煤炭行业的用电负荷呈下降趋势，更多的电能会用于新兴可控清洁能源负荷。

4.1.2.2 石油产业及其用电负荷

1. 产业特点及发展趋势

我国经济发展需要能源作为支撑，需要推动能源结构持续改进。目前，煤炭占比创历史新低，已超过美国成为世界上最大的石油进口国。

2021年，国内进口原油5.13亿t，下降5.3%，原油进口对外依存度72%，下降1.6%。原油进口量和对外依存度均为2001年以来首降。对外依存度一直居高不下，逐年递增：2015年60%，2016年65%，2017年67.4%，2018年69.8%（逼近70%），2019年70.8%，2020年高达73.6%。如此递增的石油对外依存度会对国家能源安全造成威胁。

近年来，我国原油产量呈现"先降后增"的趋势。2016—2018年原油产量连续3年下降后，2019年以来原油产量温和上涨。2021年，生产原油19898万t，比上年增长2.4%，比2019年增长4.0%，两年平均增长2.0%。

我国现如今大力发展新能源，清洁能源替代使得传统能源的需求下降。随着新兴动力能源氢能、天然气的发展，未来我国石油依靠度及对外依存度将逐渐降低。

2. 负荷特点

一般情况下年产量在500万t以上的炼油厂，其用电负荷大多维持在50000kW·h左右。但是随着石油行业的快速转型，炼油厂逐渐朝着大型炼化厂的方向发展，年产量最终突破了1000万t。虽然其产量、效能得到了明显的提升，但是用电负荷并没有显著增加，始终维持在60000～80000kW·h。这主要就是由于在转型发展时构建应用了先进的电气自动化技术体系和设备，起到了良好的节能降耗作用。

综上所述，石油产业目前仍然属于刚性负荷，在我国原油产量已呈增长的趋势下，仍需不断强化电力系统供电能力，才能满足石油产业的发展需要。构建新型电力系统，要根据石油产业用电负荷曲线分析用电变化，制定相应的供电计划以实现错峰用电，目前尚不具备灵活性改造的可能。

4.1.2.3 天然气产业及其用电负荷

1. 产业特点及发展趋势

我国天然气储量连年扩增。2009—2020年，我国天然气探明储量也不断增长，增速波动变化，并在近几年逐年下滑。

虽然我国天然气产量增多，但大多分布于中西部省份。在天然气开发方面，2015—2020年，我国天然气产量逐年递增，增速整体上升。2020年，生产天然气1925亿 m^3，同比增长9.27%。

我国国内的天然气气田主要分布在中西部地区，探明的储量集中在10个大型盆地，分别为渤海湾、四川、松辽、准噶尔、莺歌海-琼东南、柴达木、吐-哈、塔里木、渤海、鄂尔多斯。其中以新疆的塔里木盆地和四川盆地资源最为丰富，资源占比超过 40%。

2020 年天然气产量前十省区合计产量达 1760.4 万 t，占天然气总产量的 91.4%。其中，产量排名前三的省区为陕西、四川、新疆，产量分别为 527.4 万 t、452.4 万 t、370.6 万 t，共计 1350.4 万 t，占天然气总产量的 70.2%，天然气产量分布高度集中。

2020 年天然气消费量保持上升，全年价格呈"先抑后扬"态势。在天然气消费方面，2015—2020 年，我国天然气消费量也逐年递增，且近些年增速快速提高。根据国家发展改革委数据，2020 年，我国天然气表观消费量为 3240 亿 m^3，较上年同期增长了 6.94%，增速较上年同期回落 1.76 个百分点。

2021 年 1—7 月，我国天然气表观消费量 2112 亿 m^3，同比增长 17.1 个百分点。从我国液化天然气价格走势来看，近期价格波动剧烈。我国虽然天然气缺口量大，但由于国家调控政策的影响，以及国际市场市场上天然气需求不旺，整体价格偏低。

2020 年，液化天然气价格走势前低后高，三季度价格跌至谷底，而四季度强势上涨，到 2020 年 12 月底已达到近两年的最高值，即 5490 元/t。2020 年国内液化天然气报价最低点出现在 9 月初，最低价格为 2410 元/t，与最低价相比，2020 年液化天然气报价最高差价为 3080 元/t。进入 2021 年后，我国天然气价格一路上行，2021 年 8 月，已升至 5565 元/t。

"十四五"期间，我国能源结构进一步优化，天然气供需规模有序增长。天然气属于清洁能源领域，是我国近年来重点支持发展的产业，具有广阔的发展前景。随着"增储上产七年行动计划"持续推进，全国天然气产量快速增长，新增探明地质储量保持高峰水平。未来，我国将继续立足国内，保障供应安全，推进天然气产量持续稳步增长。国家能源局预计我国天然气产量在 2025 年将超过 2300 亿 m^3，2040 年以及以后较长时期稳定在 3000 亿 m^3 以上。

天然气作为最清洁低碳的化石能源，未来有助力"双碳"目标的实现。我国将通过合理引导和市场建设，积极推动天然气产业实现高质量发展。国家能源局预计，2025 年我国天然气消费规模将达到 4300 亿～4500 亿 m^3，2030 年将达到 5500 亿～6000 亿 m^3。

我国天然气行业仍处于发展期，但将从快速发展向稳定发展转变。"十四五"期间，天然气发展最主要的制约因素是气源发展，煤炭清洁化利用和可再生能源发展问题是天然气发展的主要竞争对手。在我国"双碳"目标下，天然气是替代、补充化石能源的重要资源，具有广阔的发展前景。

2. 负荷特点

天然气产业的主要负荷来源于天然气处理厂，其主要用电设备多为压缩机、空冷气、空压机等设备，从一般处理厂的设备运行情况来看，脱硫脱碳装置、脱烃装置中的空冷器实际需要系数为 50％～65％；电伴热实际需要系数为 45％～60％，同时应根据当地冬季时间长短进行调整；机修设备实际需要系数为 10％～40％；办公区实际需要系数为 75％～85％；分析化验设备实际需要系数为 30％～50％；电动阀门实际需要系数为 10％～15％。随着变电站（发电站）电力设备水平和自动化技术程度的提高，变压器短时过载运行以及多台变压器短时并网运行已能够满足大型电动机启动时的峰值负荷，为满足电动机启动而设置的 15％～20％备用容量已无必要，可靠系数也是主要根据处理厂扩建或远期发展进行设置。

综上所述，天然气传统生产产业仍属于刚性负荷，要根据天然气产业用电负荷曲线分析用电变化，通过制定相应的供电计划以实现错峰用电，尚不具备灵活性改造的可能。但是，随着生物质天然气对我国天然气能源不断进行补充，天然气产业中的可控负荷比例会逐渐升高。未来，天然气能源负荷将为新型电力系统协同互动增添活力。

4.1.2.4　供热产业

供热负荷具有明显的季节性，冬季供热用电负荷达到最大。当受大范围寒潮等因素影响时，北方多省区取暖用电负荷将激增。近年来，华北、东北、西北 3 个区域电网用电负荷屡创新高。因此，电加热负荷的形式已迎来新的发展方向，利用余热、地热等热源进行供热的新形式，更有利于新型电力系统电力需求侧发展的需要。

我国供热产业已逐渐由传统煤炭供热向清洁低碳供热转变，清洁供热具有公益性，目前，供热产业正不断优化供热热源结构，推进工业余热、生物质能、太阳能、风能等的开发利用，提高供热热源利用效率，增加低碳能源利用，降低污染物和温室气体排放强度。据清华大学的有关估算，对于"2＋26"城市 50 亿 m² 的供热需求，电厂余热供热 25 亿 m²，工业余热供热 3 亿 m²，天然气调峰供热 8 亿 m²（20％燃气调峰），运行成本减少 72％，大气污染排放物减少 78％，天然气用量减少 320 亿 m³。未来，在新型电力系统用电格局下，供热负荷将更多由新能源余热进行补充，为实现热负荷参与电力系统调峰服务提供了更大的可能性。

4.2　负荷侧发展存在的问题

青海省"源荷"分布特点具有代表性，与全国"源荷"分布特点相近，故以青海省为例进行介绍。青海省新能源多集中于海西州、海南州等西部、西南部地区，而负荷需求多集中于青海东部地区。电源和负荷呈现出逆向分布的特点，与全国负荷分布较为相近。国内大容量集中式新能源多分布于青海、新疆、宁夏、西藏、甘肃等西北部省份，负荷需求分布于国内东部省份，青海源荷分布与国内东西方向的源荷分布极度相似。未来相当长的一段时间内，国内依然会呈现出"西电东送、北电南供"的现象。

青海省用电需求持续增长。"十三五"时期以来，随着电解铝、铁合金、电石等高载能行业产能恢复，多晶硅和锂电制造等新能源产业链快速发展，清洁取暖持续推进，青海省全社会用电量实现年均 4.5％ 的稳步增长，特别是 2021 年青海全社会用电量达 858 亿 kW·h，同比增长 15.6％，刷新了近十年用电量增速的历史记录。工业负荷特性显著，负荷曲线平滑。作为人口小省，青海城乡居民和第三产业用电比重低，工业负荷特性显著，以电解铝、钢铁、多晶硅等高载能产业负荷为主，最大负荷利用小时数近 10 年来保持在 7104～7999h，全省日平均负荷率为 95％ 左右，负荷曲线较为平滑，现状可调节能力不足。2022 年第一、第二、第三产业和城乡居民用电结构比例为 0.14：89.15：5.97：4.74，工业用电占比保持在 88％ 左右。截至 2022 年年底，全社会用电量和最高负荷分别同比增长 7.56％、7.39％，工业用电量 815.83 亿 kW·h，同比增长 9.09％，是青海用电量的主要增长点，其中金属加工、化工等四大行业用电量占工业用电量的 84.39％（电解铝产业占比 48.93％）。

放眼全国，2023 年上半年全国全社会用电量 4.31 万亿 kW·h，同比增长 5.0％，增速比上年同期提高 2.1 个百分点，上半年国民经济恢复向好拉动电力消费增速同比提高。分季度看，一、二季度全社会用电量同比分别增长 3.6％ 和 6.4％；一、二季度两年平均增速分别为 5.0％ 和 4.3％。第一产业用电量 577 亿 kW·h，同比增长 12.1％，保持快速增长势头。分季度看，一、二季度第一产业用电量同比分别增长 9.7％ 和 14.2％。分行业看，农业、渔业、畜牧业上半年用电量同比分别增长 7.9％、11.9％、18.5％。电力企业积极助力乡村振兴，大力实施农网巩固提升工程，推动农业生产、乡村产业各领域电气化改造，拉动第一产业用电量快速增长。

第二产业上半年用电量 2.87 万亿 kW·h，同比增长 4.4％，保持中速增长。其中，一、二季度同比分别增长 4.2％ 和 4.7％。上半年制造业用电量同比增长 4.3％。分大类看，高技术及装备制造业上半年用电量同比增长 8.1％，超过制造业整体增长水平 3.8 个百分点；一、二季度同比分别增长 4.0％ 和 11.7％。上半年，电气机械和器材制造业用电量同比增长 26.0％，其中光伏设备及元器件制造业用电量同比增长 76.7％；汽车制造业、医药制造业用电量同比增速超过 10％。在新能源汽车的快速发展带动下，新能源车整车制造上半年用电量同比增长 50.7％。四大高载能行业上半年用电量同比增长 2.5％，其中，一、二季度同比分别增长 4.2％ 和 0.9％；黑色金属冶炼和压延加工业上半年用电量同比下降 1.6％，季度增速从一季度增长 2.7％ 转为二季度下降 5.6％。消费品制造业上半年用电量同比增长 3.0％，季度用电量增速从一季度的下降 1.7％ 转为二季度增长 7.1％；食品制造业、酒/饮料及精制茶制造业上半年用电量增速超过 5％。其他制造业行业上半年用电量同比增长 8.1％，其中，一、二季度同比分别增长 5.2％ 和 10.7％；上半年石油、煤炭及其他燃料加工业用电量同比增长 13.7％。

第三产业上半年用电量 7631 亿 kW·h，同比增长 9.9%，恢复较快增长势头。其中，一、二季度同比分别增长 4.1% 和 15.9%，两年平均增速分别为 5.3% 和 7.9%。随着新冠肺炎疫情的影响逐步消除，服务业经济呈稳步恢复态势。租赁和商务服务业、住宿和餐饮业、交通运输/仓储和邮政业、批发和零售业上半年用电量同比增速处于 13%～15%，这四个行业二季度用电量同比增速均超过 20%，恢复态势明显。电动汽车高速发展，拉动充换电服务业上半年用电量增长 73.7%。

上半年城乡居民生活用电量 6197 亿 kW·h，同比增长 1.3%，增速较低。其中，一、二季度同比分别增长 0.2% 和 2.6%，气候偏暖以及上年同期高基数是一季度低速增长的主要原因，一、二季度两年平均增速分别为 5.9% 和 5.0%。上半年共有 12 个省份城乡居民生活用电量同比为负增长，其中，上海、新疆同比分别下降 6.4% 和 5.9%，西藏、湖南、湖北、江苏同比下降幅度超过 2%。

全国东部和西部地区用电量增速相对领先。2023 年上半年，东部、中部、西部和东北地区全社会用电量同比分别增长 5.7%、2.3%、5.7% 和 4.8%。2023 年上半年全国共有 29 个省份全社会用电量为正增长，海南、内蒙古、青海、广西、西藏 5 个省份的同比增速超过 10%。在此发展趋势下，全国负荷仍然呈现出以下问题：

（1）西部、北部新能源潜能仍有发展裕度，但负荷需求将持续以东部、南部为主。新能源电能需要强大的网架结构输送至大负荷侧，能源转型下清洁能源负荷主体尚不明确，新型清洁能源产业挖掘深度依然不够深入。

（2）用电需求持续增长，负荷侧可调节资源较少，新能源占比的提升，导致电力系统调峰压力逐渐增大。各类能源产业及工艺，其用能需求离不开电能、热能与化学能，简化用能形式，实现清洁替代，提升转换效率，也是"双碳"目标实现路径可取的方法。

（3）传统刚性负荷使得新型电力系统中电力电量平衡支撑能力较弱。由于刚性负荷占负荷侧主体，新能源发电出力难以长期适应负荷需求，同时电力系统也需要惯量支撑，因此火电仍需在过渡期内发挥兜底作用。"双碳"目标下，亟须其他关键技术来辅助减少火电碳排放，脱硝脱硫手段弥补力度依然不足。以青海为例，全网最大负荷 1123 万 kW，其中工业负荷占全省负荷的 90% 以上。特别是海南州重工业负荷长期处于满负荷运行，负荷可调频率不足 5%，在新能源大发和小发时段，电力电量难以实现平衡，缺电和弃电现象交替出现。

因此，在新型电力系统中，亟须开发可调可控柔性负荷，提供辅助服务，积极参与电网调节互动，从"源随荷动"向"源荷互动"转变。通过"源网荷储"一体化协同发展，打造运行于四象限的新型电力系统，为国家"双碳"目标提供技术支撑。

4.3　负荷侧发展技术探索

可控可调柔性负荷能够根据电价、激励或者交易信息，实现启停、调整运行状态或调整运行时段的负荷侧用电设备、电源设备及储能设备。相比于传统负荷，可控可调柔性负荷同样围绕能源活动进行电能的消纳与转化，且更加适应新型电力系统的特点和结构。

可控可调柔性负荷的种类包括能源企业生产负荷、楼宇负荷、民用电器负荷、电动汽车及分散式储能等。本章所指可控可调柔性负荷为能源大工业企业负荷，其用电负荷较大，可根据电力系统调峰的需求灵活调节生产负荷，减少电力系统弃风、弃光现象，是促进新能源消纳的主要形式之一。

4.3.1　电锅炉电能替代技术

各类能源负荷侧用能形式离不开电能、热能及化学能，各类能源形式的多样化，带来了脱碳与中和过程的复杂化。热能一般通过能量的转化产生，其中化学能主要通过燃烧的方式转换成热，而燃烧产能往往是产生碳排放的重灾区。随着电力供能的清洁化和经济化，电热锅炉凭借其优秀的转换效率、灵活的调节范围和速度，逐渐得到广泛应用。

2013 年 9 月国务院印发的《大气污染防治行动计划》（国发〔2013〕37 号）中便明确要求："2017 年，除必要保留的以外，地级及以上城市建成区基本淘汰 10t/h 及以下的燃煤锅炉，禁止新建 20t/h 及以下的燃煤锅炉。"当时随着雾霾日益加剧，部分省委省政府提出新的要求：2016 年取替 10t/h 及以下的燃煤锅炉，2017 年取替 20t/h 及以下的燃煤锅炉。

"拆小并大"受热源容量及管道制约，只能完成部分替代任务；"燃气替代"受气源和燃气价格的制约，只能完成部分替代任务；"电能替代"则具有得天独厚的优势：我国目前电能利用率为 59%，剩余的 41% 足以支撑 400 亿 m^2 的供热面积供暖所用。

在负荷调节方式上，电锅炉功率可具备 80% 以上的调峰裕度，对于刚性用能企业，电锅炉配置蓄热装置可有效解决刚性需求。电热转换效率高，再加上采用谷电蓄热，根据分时分段供暖程控方式经济运行，享受国家煤改电补贴电价政策，运行费用更低，且省去人工费用，综合节能显著，系统运行稳定，故障率低，降低了用户的经营风险，极大程度缩短了各类工艺投资回收期。

4.3.2　氨能

氨能作为一种具有战略价值的清洁能源，为实现能源结构快速调整、加快碳中和进程提供了新选择。氨能具有替代化石能源的潜力，且与可再生能源关系密切。许多国家正在积极谋划氨能发展规划，推广应用氨能对我国能源未来发展具有重要价值。

在"双碳"目标下，氢气以其清洁能源属性被视为未来燃料，许多国家积极开展相关技术研究并规划产业布局。氢气来源广泛，作为零碳燃料具有燃烧极限范围宽、点火能量低、火焰传播速度快等优点，就能量传递本质而言，绿氢才是实现"双碳"目标的有效途径。然而，当前绿氢制取受限于电解水技术的经济瓶颈和储存运输的安全隐患，配套基础设施建设缓慢，阻碍了氢能规模应用的商业化进程。

致力于打造"氢社会"的日本在国际上首次提出了氨能概念，即在氢能大规模使用之前，将合成氨视为承担绿电转化为零碳燃料的有效手段。从储能角度看，氨可经催化分解制取氢气，解决氢能难以低成本、远距离输送及单一氢能"长尾"问题，还可解决大规模绿氢如何使用的问题，延续氢能终端消费的产业链，进一步壮大氢能产业规模。从能源角度看，氨的完全燃烧产物只有氮气和水，既可替代部分煤炭为电力系统提供清洁燃料，也可替代部分化石能源为发动机提供清洁燃料。在此背景下，许多国家正在积极开展氨能技术研发与规划布局。

1. 可作为氢的载体

氨是富氢化合物，重量载氢能力高达 17.6%，体积载氢效率是氢气的 150%。相比于氢气在常压下的极低液化温度（$-283\ ℃$），氨在$-33\ ℃$就能够被液化（或者在常温下，9 个大气压）。同质量的液氨储罐在成本上是液氢储罐的 0.2%～1%，且液氨的单位体积重量密度是液氢的 8.5 倍。

据国际能源署（IEA）预计，2040 年全球绿氢和蓝氢的需求总量将达到 7500 万t。基于此情形，解决氢能供需矛盾的问题，首先要突破氢气低成本、远距离储存和运输的瓶颈。目前常用的氢储运方式有高压气态氢运输、液态氢运输、深冷态氢高压运输三种，但每一种储运方式都很难操作，造成储运成本高昂并且效率低下。相比而言，氨更容易液化储运。据核算，100 km 内液氨的储运成本为 150 元/t，500 km 内液氨的储运成本为 350 元/t，仅为液氢储运成本的 1.7%。同时，使用氨现场制氢加氢一体站可以将氢气成本降低至 35 元/kg 以下，按照到 2050 年我国建设 10000 个氢气加气站的目标，可节省 1000 亿元。除此之外，相比于氢气，氨的爆炸极限范围（16%～25%）更窄，沸点更高，发生火灾和爆炸的可能性更低。同时，氨具有刺激性气味，人通过嗅觉即可检测到仅为危险水平 5% 以下的浓度，泄漏容易被发现，更加安全可靠。因此，氨作为一种优良的储氢载体，氢氨融合可成为最具潜力的新型储运方式，拓宽氢能产业应用场景。

2. 清洁燃料

氨作为一种无碳化合物，可由空气中的氮和水中的氢合成，完全燃烧时的产物纯净无碳。因此，作为一种具有战略价值的可再生能源，氨能够直接燃烧实现清洁供能。氨燃烧时的空燃比较低，在同等进气量（空气）条件下能提供更多的能量，是一种高功率的清洁燃料。同时，氨燃烧的热损失比远低于氢气、汽油和柴油等燃料，尾气带走的热损失小。虽然氨燃烧时产生的热值低，但其辛烷值高，抗爆性好，可以通过提供更高压缩比来提高动力系统的输出功率。在直接燃氨加注情况下，运营商可以将现有加油站升级改造成加氨站，改造成本比新建加氢站的投资成本低一个数量级，相当于新建加油站的投资成本。

3. 缓解火电排放——掺氨燃烧

2023 年 7 月 26 日，中国华能旗下西安热工研究院有限公司自主研发建设的全国首个兆瓦级全比例氨/煤混燃技术试验成功，填补了我国全比例氨/煤混燃技术的空白，标志着我国含碳燃料与氨等富氢燃料混燃的清洁高效燃烧技术研究取得新突破。

将氨与煤按比例混合，作为新型锅炉燃料可有效替代化石能源，实现火电机组大幅降低碳排放，其简要原理：燃煤电厂在燃烧时碳排放较高，燃烧过程中会产生大量的氮氧化物（NO_x），因为氨本身具备还原剂的特性，在燃烧时掺入一定比例的氨，高温下氨分解产生氨基自由基，可直接与锅炉中产生的 NO_x 反应生成氮气和水，进而起到节能降碳的目的。

目前，全球对该技术的研究均处于起步阶段且尚未开始工程化应用，其主要原因：一方面在于掺氨燃烧技术仍待巩固和挖掘，支撑大容量掺氨锅炉的火电机组仍需重要技术突破；另一方面，氨能的来源目前主要来自于灰氢，"绿氨"较为难得。但随着氢能产业的发展，电解水绿电制氢产业已经进入起步阶段，低成本、大容量的电解槽技术，配合未来健全的绿电交易机制，将使绿氢的价格呈现降低的趋势，这也会使得氨能来源得到丰富补充。

4.3.3 氢能产业

1. 产业定位

国家发展改革委发布的《氢能产业发展中长期规划（2021—2035 年）》指出："当今世界正经历百年未有之大变局，新一轮科技革命和产业变革同我国经济高质量发展要求形成历史性交汇。以燃料电池为代表的氢能开发利用技术取得重大突破，为实现零排放的能源利用提供重要解决方案，需要牢牢把握全球能源变革发展大势和机遇，加快培育发展氢能产业，加速推进我国能源清洁低碳转型。"

近年来，在欧盟、日本、韩国、中国等主要经济体的积极推动下，氢能逐渐成为国际议程的新焦点并获得快速发展。仅 2020 年就有欧盟、德国、西班牙、加拿大等11 个国家或区域发布氢能发展战略。截至 2020 年年底，占全球 GDP 总量 52% 的 27个国家中，16 个已制定全面的国家氢能战略，还有 11 个国家正在制定国家氢能战略。随着全球应对气候变化行动的深入以及后疫情时代绿色经济复苏的加速，打造低碳清洁氢气供应系统逐步成为全球共识。

当前我国氢气生产主要在化工和钢铁等领域，具体分布在石化、化工、焦化等行业。氢气多作为原料用于生产甲醇、合成氨等化工产品，少量作为工业燃料使用。根据中国氢能联盟与石油和化学规划院的统计，当前我国氢气产能约 4100 万 t/年，产量约 3342 万 t。其中，氢气纯度不小于 99％的工业氢气质量标准的产量约为 1270 万 t/年。为实现"双碳"目标，我国氢气的年需求量将从 3342 万 t 增加至 1.3 亿 t 左右，在终端能源体系中占比达到 20％。

氢能已成为世界加快能源转型升级、培育经济新增长点的重要战略选择。目前国内氢能产业呈现积极发展态势，已初步掌握氢能制备、储运、加氢、燃料电池和系统集成等主要技术和生产工艺，在部分区域实现燃料电池汽车小规模示范应用。全产业链规模以上工业企业超过 300 家，集中分布在长三角、粤港澳大湾区、京津冀等区域。但总体看，我国氢能产业仍处于发展初期，相较于国际先进水平，仍存在产业创新能力不强、技术装备水平不高、支撑产业发展的基础性制度滞后、产业发展形态和发展路径尚需进一步探索等问题和挑战。

2. 产业优势

作为二次能源，氢不仅可以通过煤炭、石油、天然气等化石能源重整、生物质热裂解或微生物发酵等途径制取，还可以来自焦化、氯碱、钢铁、冶金等工业副产气，也可以利用电解水制取，特别是与可再生能源发电结合，不仅实现了全生命周期绿色清洁，更拓展了可再生能源的利用方式。

与传统化工燃料汽油、柴油相比，氢能具有三大优势：一是氢热值高（140.4MJ/kg），是同质量焦炭、汽油等化石燃料热值的 3～4 倍；二是能源转化效率较高，氢能可以通过燃料电池直接转变为电，过程中的废热可以进一步利用，通过燃料电池可实现综合转化效率 90％以上；三是碳的零排放，不论是氢燃烧还是通过燃料电池的电化学反应，产物只有水，没有传统能源所产生的污染物及碳排放，可真正实现低碳甚至零碳排放，有效缓解温室效应和环境污染。

随着近年来新能源发电成本快速下降，直接利用新能源电力电解水制氢发展潜力巨大，结合新能源装机比例逐年提高的客观条件，一种理想的应用就是利用富余、低价的新能源发电制氢并存储，存储起来的氢有以下两种用途：

（1）通过氢发电模块转换为电能，供给负荷直接使用或再次并入电网。

（2）进入氢产业链。首先，氢气可以供给加氢站，供燃料电池汽车和工业用户使用；其次，氢气制甲烷后进入天然气管网，或直接输入天然气管网形成混氢天然气，实现电能到气体能源的大规模存储和利用，对减少温室气体排放具有重要意义。氢储能不仅能够积极促进可再生能源消纳，还可以开拓氢经济这一绿色产业链。

氢能产业与电力系统交互流程如图 4-1 所示。

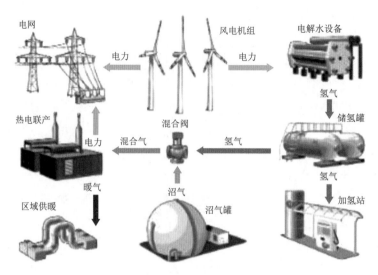

图 4 - 1 氢能产业与电力系统交互流程

3. 制氢方式

目前氢的制取产业主要有以下几种较为成熟的技术路线：

（1）以煤炭、天然气为代表的化石能源重整制氢。

（2）以焦炉煤气、氯碱尾气、丙烷脱氢为代表的工业副产气制氢。

（3）电解水制氢。

（4）生物质直接制氢和太阳能光催化分解水制氢。

其中，以煤制氢需要大型的气化设备，一次性装置投资价格较高，只有规模化生产才能降低成本。同时，原料煤是煤制氢最主要的消耗原料，约占制氢总成本的 50％。煤制氢过程会排放大量二氧化碳，需要额外添加碳捕集、利用与封存（CCUS）技术和设备加以控制，方能满足"双碳"目标要求。天然气制氢中天然气原料成本的占比达 70％～90％，考虑到我国"富煤、缺油、少气"的资源特点，仅有少数地区适合探索开展。工业副产气制氢路线同样面临碳捕集、封存和利用问题，从中长期来看，钢铁、化工等工业领域需要引入无碳制氢技术，方能替代化石能源实现深度脱碳。生物质直接制氢和太阳能光催化分解水制氢等技术路线仍处于实验和开发阶段，尚未达到工业规模制氢要求。

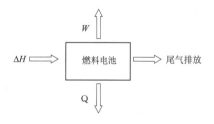

图 4 - 2 氢燃料电池的能流图

4. 发电方式

氢燃料电池（Fuel Cell）是一种直接把氢气的化学能转换为电能的装置，如图 4 - 2 所示，以氢气或者富氢气体为燃料的燃料电池即为氢燃料电池。燃料电池利用燃料的电化学反应来获得电能，从而突破了常规以燃料燃烧的热能进行发电时所必须遵守的卡诺循环效率的限制，可以获得更高的发电效率。

随着深度脱碳的需求增加和低碳清洁氢经济性的提升，氢能供给结构从以化石能源为主的非低碳氢逐步过渡到以可再生能源为主的清洁氢将成为产业发展的必然趋势。电解水制氢，不仅能够缓解电力系统弃电现象，还能带动氢能供给。未来制氢方式将以电解水制氢为主，形成以可再生能源为主体、煤制氢与生物质制氢为补充的多元供氢格局。

5. 负荷可调节范围

氢电耦合产业作为可调可控柔性负荷，其碱性电解装置调节范围为 $15\% \sim 100\%$，质子交换膜电解装置调节范围为 $5\% \sim 120\%$，固体氧化物电解装置调节范围为 $30\% \sim 125\%$。

4.3.4　生物质天然气

1. 产业定位

生物质天然气属于生物质能综合利用技术。生物质能综合利用，是一种横跨能源、环保、农业、民生四大行业的跨界行业，可逐步改变中国农业的生产方式和国内能源结构，促进城镇化发展和新农村建设。在国内大力发展生物质天然气，可减少我国天然气对外依存度，同时也可替代原油进口，使我国石油对外依存度降低 20% 以上，保障国内能源安全。生物质天然气能源产业对实现我国节能减排、促进能源供给侧改革、减少弃风弃光、促进清洁能源规模化发展、提升能源利用效率、降低国内能源对外依存度、大幅度提高全国农业、农村经济和农村社会发展质量具有巨大贡献。

自 2018 年 12 月国家能源局将生物质天然气纳入能源发展战略及天然气产供储销体系以来，国家陆续出台相应的政策，为发展生物质天然气技术提供了保障。

2019 年 12 月，国家发展改革委、国家能源局等十部委联合下达《关于促进生物天然气产业化发展的指导意见》（发改能源规〔2019〕1895 号），为落实中央财经委员会第一次会议精神以及《中共中央国务院关于全面加强生态环境保护坚决打好污染防治攻坚战的意见》《中共中央国务院关于印发〈乡村振兴战略规划（2018—2022 年）〉的通知》《国务院关于印发打赢蓝天保卫战三年行动计划的通知》等文件要求，明确指出要加快生物质天然气产业化发展；构建分布式可再生清洁燃气生产消费体系，有效替代农村散煤；规模化处理有机废弃物，保护城乡生态环境；优化天然气供给结构，发展现代新能源产业。

2021 年 12 月，国家能源局、农业农村部、国家乡村振兴局三部委联合下达《加快农村能源转型发展助力乡村振兴的实施意见》（国能发规划〔2021〕66 号），明确提出推动农村生物质资源利用、探索农田托管服务和合作社秸秆收集模式、以村为单元建设农林废弃物收集站、由专业化企业建设规模化生物质天然气项目就近满足乡镇生产生活用气需要、建设区域有机废弃物集中处理沼气生物质天然气项目等重要要求，进一步推动了生物质综合利用的发展力度。

2022 年 2 月，《中共中央　国务院关于做好 2022 年全面推进乡村振兴重点工作的意见》（中央一号文件），再次明确加强畜禽粪污资源化利用、支持秸秆综合利用、研发应用减碳增汇型农业技术、加强有机废弃物综合处置利用设施建设、生物质能清洁能源建设等要求，发展生物质综合利用技术已成为推动农村发展和能源供给侧改革的重要方式。

综上所述，生物质综合利用现已有较为成熟的政策体系，在国家相关政策的鼎力支持下，易形成生物质天然气产供储销体系，生物质天然气将成为我国天然气体系中重要的补充部分，是我国重要的清洁低碳能源。

2. 产业优势

生物质天然气是以畜禽粪便、农作物秸秆、城镇生活垃圾、工业有机废弃物等为原料，经发酵和净化提纯后与常规天然气成分、热值等一致的绿色低碳清洁环保可再生能源，是化石天然气的完美替代品。

我国油气资源贫缺，据《中国油气产业发展分析与展望报告蓝皮书（2018—2019）》，2018 年我国石油对外依存度超过 70%，天然气进口量为 1430 亿 m³，天然气对外依存度将增至 46.4%。能源高度对外依存，直接影响我国能源安全和经济社会发展。

生物质天然气已纳入能源发展战略及天然气产供储销体系，在其生产方式上，用电负荷具有明显的可调特性，可根据电力系统的需要进行调峰服务。据国家发展改革委等部门印发的《关于促进生物天然气产业化发展的指导意见》（发改能源规〔2019〕1895 号），到 2025 年，生物质天然气年产量将超过 100 亿 m³；到 2030 年，生物质天然气年产量将超过 200 亿 m³。生物质天然气已迎来蓬勃发展的历史契机，在我国丰富的生物质资源优势之下，生物质天然气将成为未来天然气的重要组成部分，为我国清洁低碳能源增添新的动力。

3. 制气方式

目前创新型天然气的制取主要有以下两种技术路线：

（1）以生物质资源为原料，经相关工艺形成生物质天然气。

（2）提纯二氧化碳还原再生纯甲烷技术。

其中，前者以畜禽粪便、农作物秸秆、城镇生活垃圾、工业有机废弃物等生物质资源为原料，经发酵和净化提纯后产生天然气，若加装有机肥生产线还可产生相应的有机肥料；后者则是利用还原二氧化碳产甲烷反应器，与氢结合生成纯甲烷。但是以氢还原二氧化碳产生甲烷的路径中，产气速率的提高受制于氢气在溶液中的溶解度过低导致其与嗜氢产甲烷菌接触概率过小，成为阻碍"加氢强化"实施的关键障碍，目前仍处于实验阶段。

随着天然气创新技术的发展，在氢能产业的影响下，以氢还原二氧化碳产甲烷的规模将进一步扩大。氢还原二氧化碳产甲烷的技术更适宜综合能源体系的构建，形成能源物质大循环。

4. 负荷可调节范围

生物质天然气产业作为可调可控柔性负荷，其调节范围为 20%～100%。

生物质能产业链如图 4-3 所示。

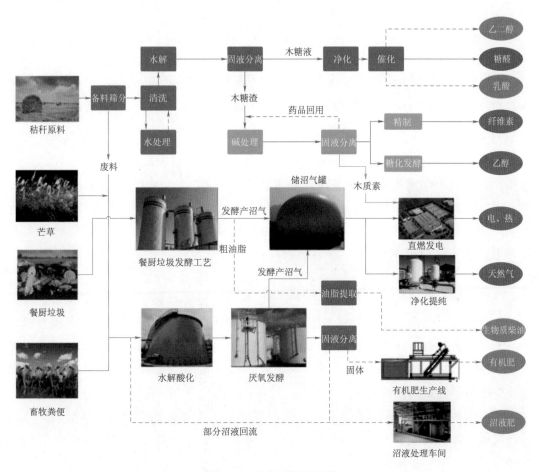

图 4-3　生物质能产业链

4.4　能源物质循环展望

本节展望能源负荷侧形成物质循环微生态。电网作为能源分配的主体，发挥着新型电力系统下物质循环综合能源体系的奠基作用，电能作为能源转化的枢纽，协调综合能源负荷侧进行能源的分配及利用。同时，电解水制氢、氢制氨、氢电耦合、生物质天然气等重要技术环环相扣。

实验表明，电解水制氢电极对的电压整数倍等于光伏电池板出线电压，可实现光伏发电量直供电解水制氢/氧装置应用。这种光伏发电直供电解水制氢/氧方案既可就地消纳光伏发电量，又可节省现有光伏电量上高压交流电网利用模式的约 10% 光伏电量的电能损失。

电解水制氢，其能源物质的反应方程式为

$$4H_2O \longrightarrow 4H_2 + 2O_2$$

若以氢气还原二氧化碳生成甲烷和水，其反应方程式为

$$4H_2 + CO_2 \longrightarrow CH_4 + 2H_2O$$

甲烷即天然气可供相关产业进行消耗，一般通过燃烧的方式产生二氧化碳，其反应式为

$$CH_4 + 2O_2 \longrightarrow CO_2 + 2H_2O$$

由反应式可知，二氧化碳和水可循环利用，通过生物质反应获得的甲烷需纯氧助燃，纯氧可由电解水获得，电解水的同时也产生氢气，按照上述方程式的物质比例，厌氧消化获得的甲烷，其燃烧产物二氧化碳与该氢气比例符合方程式，所以，最终又能多得到与厌氧消化的甲烷，而水也可循环利用，最后实现真正的物质大循环利用。但实际工程避免不了能量的损耗，因此关键技术在循环链中的主要作用如下：

（1）生物质天然气：助力国家能源安全，配合电能替代技术开展灵活性改造，保证工艺产出的同时参与电网负荷侧辅助服务，提升调峰裕度和灵活性。也可作为燃料供给于燃气轮机机组，为新型电力系统提供惯量支撑。保卫国家能源安全，充分发挥"负碳"作用，促进国家能源、农业、林业发展，实现清洁替代，助力"双碳"目标与新型电力系统负荷侧构建。

（2）电锅炉：助力国家能源转型，实现电能替代，弥补甚至替代燃气锅炉、燃煤锅炉应用，配合蓄热技术，提升能源负荷侧调节灵活性，助力新型电力系统负荷侧构建。

（3）氢能：助力新型电力系统新能源消纳，以氢能为枢纽，助力下游氨能、储能发展，将新能源转以氢能的形式助力能源循环，在氢转电能方面参与新型电力系统辅助服务，在氢转化学能方面为下游产业链提供氢源，与二氧化碳反应技术深度攻关后，助力物质循环体系达成闭环。

（4）氨能：助力国家清洁替代，改善火电排放问题，依托绿氢降低成本，在物质循环体系中扮演重要的辅助角色。

综上所述，可以描绘出新型电力系统负荷侧能源物质循环蓝图，如图 4-4 所示。

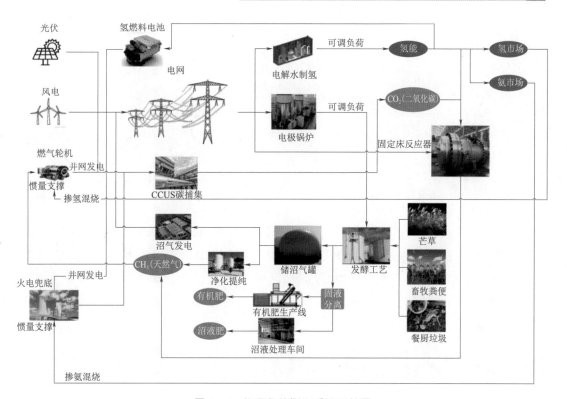

图 4-4　能源负荷侧物质循环蓝图

第 5 章

新型电力系统储能侧

在构建以新能源为主体的新型电力系统背景下，新能源在整个能源体系中的比重将快速增加。但由于风电、光伏发电存在天然的不稳定性，其大规模并网会在源网规划、电网安全稳定运行方面给电力系统带来一系列重大挑战。储能作为支撑新型电力系统的重要技术和基础装备，其规模化发展已成为必然趋势，发展储能技术和产业是推动能源电力向清洁低碳、安全高效的现代化能源体系转型不可或缺的一部分。

5.1 储能发展与技术现状

随着可再生能源发电占比的不断提升，以及锂电池成本的持续降低，储能的必要性与经济性将进一步凸显，长期发展前景巨大。储能技术是新能源发展最关键的技术之一，储能具有消除电力峰谷差，实现光伏发电、风电等新能源平滑输出、调峰调频和备用容量等作用，是满足新能源发电平稳接入电网的必要条件之一。

为实现碳中和，到 2050 年，我国必须建成一个以新能源为主体的"近零排放"的能源体系。在能源需求侧，电能占终端能源消费比重持续提高，预计到 2050 年电能占终端能源消费比重将超过 60%，成为能源消费的绝对主体。电动汽车将持续快速发展，与电力系统形成深度互动，到 2030 年左右新能源汽车销售占比将超过 50%。在能源全面低碳化的大潮中，面对高比例可再生能源和波动性电力负荷带来的挑战，储能是迫切需要突破的瓶颈。储能深度影响能源转型和碳中和的进程，是不可或缺的关键要素，发展储能产业将上升为国家战略。传统能源时代和能源革命时代的对比如图 5-1 所示。

5.1.1 储能发展现状

1. 全球储能发展现状

（1）全球储能累计装机容量稳步提升。根据中关村储能产业技术联盟（CNESA）数据，截至 2020 年年底全球已投运储能项目的累计装机容量达到 191.1GW，同比增

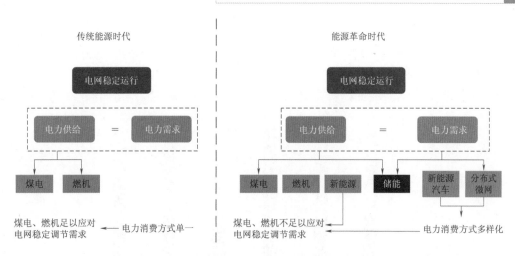

图 5-1　传统能源时代和能源革命时代的对比

长 3.5％。装机以抽水蓄能为主，锂电池储能比重逐步提升。抽水蓄能累计装机容量占比 90.3％，电化学储能累计装机容量占比提升至 7.5％，对应装机容量 14.2GW，且锂离子电池比重达到 92.0％，装机容量约 13.1GW。中国、欧盟、美国电化学储能新增装机容量居全球前三。2020 年，新增电化学储能装机容量中国（新增装机容量 1.2GW/2.3GW·h，同比增长 168％）跃居首位，欧洲（新增装机容量 1.2GW/1.9GW·h，同比增长 19％）、美国（新增 1.1GW/2.6GW·h，同比增长 207％）分列全球第二、第三，合计装机容量达 3.5GW/6.8GW·h，同比增长 107％，占全球新增的 63％。另外，韩国新增装机容量 0.85GW/2.24GW·h，同比增长 30％，日本新增装机容量 0.55GW/0.98GW·h，同比增长 36％，分别居全球第四、第五。2020 年全球储能累计装机分类占比如图 5-2 所示。

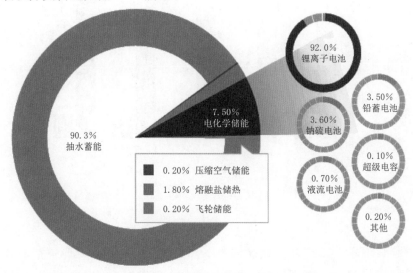

图 5-2　2020 年全球储能累计装机分类占比

（2）可再生能源并网是储能的主要应用方向。2020 年储能主要应用于可再生能源并网，全球装机占比 40%～50%。2020 年全球新增电化学储能项目在可再生能源并网的装机占比最大，达到 48%，户用和工商业装机占比 29%，辅助服务装机占比下降至 8%。2015—2020 年全球新增电化学储能项目分应用装机占比如图 5-3 所示。

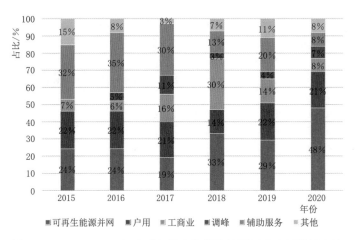

图 5-3　2015—2020 年全球新增电化学储能项目分应用装机占比

2. 我国储能发展现状

截至 2020 年年底，我国已投运储能累计装机容量为 35.6GW，占全球市场总规模的 18.6%，同比增长 9.8%。抽水蓄能的累计装机规模最大，占比达到了 89.3%；其次是电化学储能，装机占比 9.2%，其中锂离子电池装机占比快速提升至 89%，累计装机容量约 2.9GW。2016—2020 年全球及中国储能累计装机容量如图 5-4 所示。

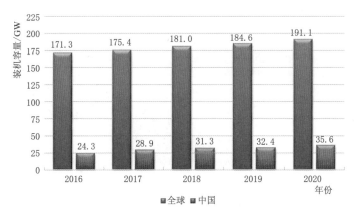

图 5-4　2016—2020 年全球及中国储能累计装机容量

2019 年受到国家发展改革委明确电化学储能不能计入输配电价成本等因素影响，储能发展遭遇急刹车，2020 年因储能成本下降＋政策支持＋电网侧投资加大，储能重回高速增长轨道，国内新增电化学储能 1.2GW/2.3GW·h，同比增长 168%。

2020 年国内新增电化学储能用于可再生能源并网装机占比达 40％，辅助服务、调频和户用装机分别占 21％、18％、14％，如图 5-5 所示。

5.1.2　储能主要作用

近年来，随着具有波动性、随机性、低惯量的新能源大规模并网，新能源在电源装机的比重快速提高，在源网规划、电网安全稳定运行、电源调峰能力不足等方面都给电力系统带来一系列重大挑战，带来新能源消纳能力下降、弃风弃光持续提升、电网电压稳定和频率稳定等一系列问题。

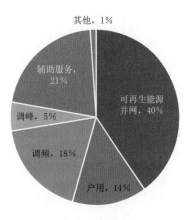

图 5-5　2020 年我国新增电化学储能项目分应用装机占比

储能可为电网运行提供调峰、调频、备用、需求响应等多种服务，能够满足电力系统"大规模源网荷储友好互动系统"升级应用的需求，在提高电力系统抵御事故水平、新能源消纳水平和电网综合能效水平等方面具有良好应用前景。储能的主要作用如下：

（1）保障能源安全。储能技术可以在能源供应不稳定或突发情况下提供能源储备和应急供电。通过储能系统，可以将多余的电力储存起来，在需求高峰时释放出来，以平衡电网负荷。这可以提高能源供应的稳定性和可靠性，保障国家的能源安全。

（2）促进可再生能源发展。可再生能源如太阳能和风能等具有间断性和波动性，储能技术可以解决其不稳定性问题，提高可再生能源的利用率。通过储能系统，可再生能源的多余电力可以被储存起来，以备供给不足时使用，从而实现能源的平衡和稳定，提高新能源消纳水平。

（3）能源转型和碳减排。储能技术可以提高可再生能源的可靠性和可持续性，推动能源转型和碳减排。通过储能系统，可以更好地利用可再生能源，减少对传统化石能源的依赖，降低碳排放，推动绿色低碳发展。

（4）保障大电网安全稳定运行。储能设备可以实现有功功率和无功功率的快速调控，当电网发生故障时能够快速支撑电力缺额，提高电网抵御事故风险能力，提升电网安全稳定水平。

（5）提高电力系统调峰能力。储能电站具有削峰填谷的双重功效，是不可多得的调峰电源。储能系统可以有效平抑随机性电源及负荷的波动性，尤其是大容量储能在改善电源结构、提高电网调峰能力方面具有重要的作用，在一定程度上减弱局部电网峰谷差，大幅度提升电力系统"源网荷储"协同调度灵活性。

（6）提供调频、无功支撑等辅助服务。储能电站一方面具有快速、精准的功率响应能力，可更好实现对电网频率的调节，解决区域电网短时功率不平衡问题，提高电网运行的可靠性和安全性；另一方面可提高区域电网无功支撑能力，实现替代电力系统中的调相机和无功补偿设备的作用。由于储能电站具有无功功率的快速调节能力，当系统出现故障时，可以在短时间（30ms 以内）内平抑系统振荡，稳定电压波动，提升电网运行的稳定性。

（7）提供紧急功率支撑。储能电站可为系统提供紧急功率支援或吸收过剩功率，可等效替代切负荷、切机等安控措施，提高大区互联电网的稳定性，一定程度上释放输电能力。

（8）电网黑启动电源。在发生大面积电网事故时，局部地区电力恢复需要调节能力强、启动迅速的黑启动电源。储能调峰发电站调节能力强、启动快，是理想的黑启动电源，对局部电网快速恢复起到重要作用。

（9）提高能源利用效率和电力系统整体资产利用率。储能电站具有削峰填谷的双重功效，可以有效平抑随机性电源及负荷的波动性，尤其是大容量储能在改善电源结构、提高电网调峰能力方面具有重要的作用，在一定程度上减弱局部电网峰谷差，从而有效延缓甚至减少电源和电网建设。

5.1.3　储能技术现状

储能技术的发展格局呈现多元化，技术类别繁多。随着储能技术的不断发展，目前已有多种形式的储能投入应用。储能主要包含抽水蓄能和新型储能。新型储能按照储能的储存介质进行分类，主要可分为机械储能、热储能、电化学储能、电磁储能和化学储能。不同储能技术拥有不同的技术特征，根据各种应用场合对储能功率和储能容量的不同要求，各种储能技术都有其适宜的应用领域。

2021 年 9 月，国家能源局发布《抽水蓄能中长期发展规划（2021—2035 年）》，明确了未来发展目标和重点任务，初步形成了未来 15 年重点实施项目库和储备库，新型储能 2025 年达到 3000 万 kW 以上。储能的主要技术形式如图 5-6 所示。

5.1.3.1　抽水蓄能

抽水蓄能是当前技术最成熟、经济性最优、最具大规模开发条件的绿色低碳清洁灵活调节电源，与风电、太阳能发电、核电、火电等配合效果较好。加快发展抽水蓄能，是构建以新能源为主体的新型电力系统的迫切要求，是保障电力系统安全稳定运行的重要支撑，是可再生能源大规模发展的重要保障。

抽水蓄能电站原理：电网低谷时，利用过剩电力将作为能量存储介质的水从地势低的水库抽到地势高的水库，将电能转换为势能；电网峰荷时，地势高水库中的水回流到地势低的水库，推动水轮发电机发电。抽水蓄能是目前存储大规模电力最成熟、成本效益较好的储能技术，其突出优点是规模大、寿命长、运行费用低。抽水蓄能的效率为 70%～85%，响应时间为 10～240s，适用于地势和环境都满足要求的系统调

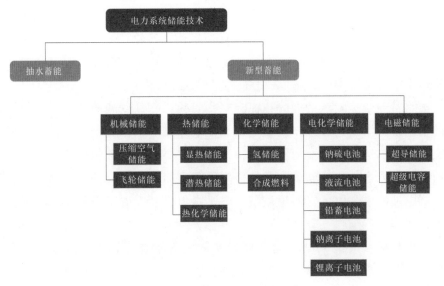

图 5-6　储能的主要技术形式

峰、大型应急电源、可再生能源并入等大规模、大容量的应用场合。但是，抽水蓄能电站的建设受地理条件约束，需要配建上、下游两个水库，选址困难、依赖地势，受水资源的制约，且项目建设工期长，工程投资较大，建设条件受到限制，而且伴有移民及生态破坏等问题，影响了其进一步大规模应用。此外，抽水蓄能电站响应时间为分钟级，对于功率波动频繁或需要紧急提供电力的场景并不适用，目前主要用于电网调峰和新能源接入等领域。抽水蓄能原理如图 5-7 所示。

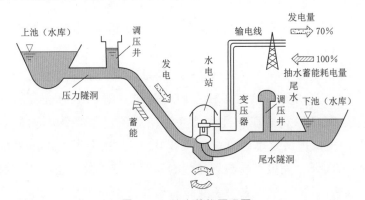

图 5-7　抽水蓄能原理图

截至 2020 年年底，我国已投产抽水蓄能电站总规模 3249 万 kW，主要分布在华东、华北、华中和广东；在建抽水蓄能电站总规模 5513 万 kW，约 60％分布在华东和华北，已建和在建规模均居世界首位。随着一大批标志性工程相继建成投产，我国抽水蓄能电站工程技术水平显著提升。河北丰宁电站装机容量 360 万 kW，是世界在建装机容量最大的抽水蓄能电站。单机容量 40 万 kW 的广东阳江电站是目前国内在建的单机容量最大、净水头最高、埋深最大的抽水蓄能电站。浙江长龙山电站实现了自主研发单机容量 35 万 kW、750 m 水头段抽水蓄能转轮技术。抽水蓄能电站机组制造自主化水平明显提高，国内厂家在 600 m 水头段及以下大容量、高转速抽水蓄能机组自主研制上已达到了国际先进水平。

我国抽水蓄能快速发展的同时也面临一些问题：一是发展规模滞后于电力系统需求，目前抽水蓄能电站建成投产规模较小、在电源结构中占比低，不能有效满足电力系统安全稳定经济运行和新能源大规模快速发展需要；二是资源储备与发展需求不匹配，我国抽水蓄能电站资源储备与大规模发展需求衔接不足，西北、华东、华北等区域抽水蓄能电站需求规模大，但建设条件好、制约因素少的资源储备相对不足；三是开发与保护协调有待加强，资源站点规划与生态保护红线划定、国土空间规划等方面协调不够，影响抽水蓄能电站建设进程和综合效益的充分发挥；四是市场化程度不高，市场化获取资源不足，非电网企业和社会资本开发抽水蓄能电站积极性不高，抽水蓄能电站电价疏导相关配套实施细则还需进一步完善。

5.1.3.2 新型储能

新型储能是构建新型电力系统的重要技术和基础装备，是实现"双碳"目标的重要支撑，也是催生国内能源新业态、抢占国际战略新高地的重要领域。"十三五"时期以来，我国新型储能行业整体处于由研发示范向商业化初期的过渡阶段，在技术装备研发、示范项目建设、商业模式探索、政策体系构建等方面取得了实质性进展，市场应用规模稳步扩大，对能源转型的支撑作用初步显现。

1. 压缩空气储能

压缩空气储能电站主要由压气机、储气室、电动机/发电机等部分组成。压缩空气储能电站主要是利用电网负荷低谷期剩余的电力压缩空气，将其储存在高压密封的容器内，在用电高峰期再释放空气来驱动燃气轮机发电。但传统压缩空气储能系统存在三个技术瓶颈：一是依赖天然气等化石燃料提供热源，不适合我国这类"缺油少气"的国家；二是需要特殊地理条件建造大型储气室，如高气密性的岩石洞穴、盐洞、废弃矿井等；三是系统效率较低。大规模压缩空气储能技术（Compressed - Air Energy Storage，CAES）凭借其单机容量大、系统稳定性好、运行方式灵活、电转化效率高、应用场景广泛等特点，成为新型储能核心技术，市场潜力巨大，当前正处在市场导入前期。压缩空气储能原理如图 5 - 8 所示。

2. 全钒液流电池储能

电化学液流电池一般称为氧化还原液流电池，是一种新型的大型电化学储能装置，正负极全使用钒盐溶液的称为全钒液流电池。全钒液流电池技术已进入工程应用、市场开拓阶段，开始实现商业化。全钒液流电池储能系统运行安全可靠，可循环利用，生命周期内环境负荷小、环境友好。全钒液流电池储能系统的储能介质为电解质水溶液，安

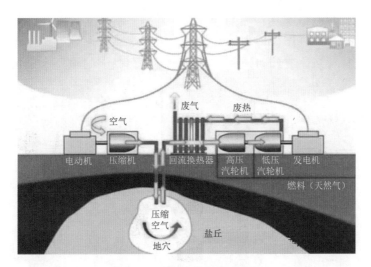

图 5-8　压缩空气储能原理图

全性高。充放电循环次数在 15000 次以上，使用寿命 15～20 年，生命周期的性价比高，具有快速、深度充放电而不会影响电池使用寿命的特点，且各单节电池均一性良好。另外，钒离子的电化学可逆性高，电化学极化也小，因而非常适合大电流快速充放电。全钒液流电池储能系统是在常温、常压条件下工作，这不但延长了电池部件的使用寿命，并且表现出非常好的安全性能。另外电解质溶液可循环使用和再生利用，环境友好，节约资源。电池部件多为廉价的碳材料、工程塑料，使用寿命长，材料来源丰富，加工技术成熟，易于回收。但全钒液流电池的隔膜依赖进口导致成本偏高，同时液流电池能量密度低，占用空间大，目前还刚刚处于商业化应用初期阶段，技术尚不成熟。

3. 锂离子电池

锂离子电池主要应用于电动汽车、便携式移动设备和电力系统储能设备中，其效率可达 90% 以上，放电时间可达数小时，循环次数可达 5000 次或更多，锂离子电池是能量最高的实用性电池。近年来技术在不断进行升级，正负极材料也有多种应用，但存在价格相对较高、过充发热、燃烧等安全性问题，需要进行充电保护。随着国内外对于锂离子电池的研发不断深入，其性能不断提升，成本也在较大幅度下降，未来有望得到更广泛的应用。锂离子电池具有能量密度大、工作温度范围宽、无记忆效应、可快速充放电、环境友好等诸多优点，目前在国内已广泛应用于各类电子产品、新能源车和电化学储能等领域。锂电储能在多种应用领域都具有技术经济性优势，目前全球相关项目装机规模约占总容量的 50%，远超其他储能技术。

4. 热储能

热储能是在一个热储能系统中，热能被储存在隔热容器的媒质中，以后需要时可以被转化为电能，也可直接利用而不再转化为电能。热储能有许多不同的技术，可进一步分为显热储存和潜热储存。显热储存方式中，用于储热的媒质可以是液态的水，热水既可直接使用，也可用于房间的取暖等。运行中热水的温度是有变化的，而潜热储存是通过相变材料来完成的，该相变材料即为储存热能的媒质。光热塔式中使用的熔盐储热系统示意如图 5 - 9 所示。

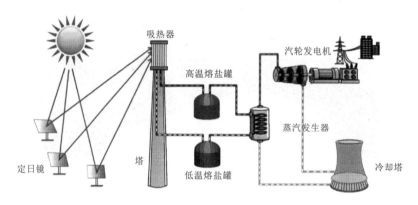

图 5 - 9　光热塔式中使用的熔盐储热系统示意图

5. 氢储能

氢储能系统主要包括制氢系统、储氢系统、氢发电系统三个部分。制氢系统利用富余的可再生能源电力电解水制氢，由高效储氢系统将制得的氢气封存起来，待需要或者可再生能源发电低谷时通过燃料电池发电回馈到电网，如图 5 - 10 所示。同时，氢储能系统还可以与氢产业链中的应用领域结合，在化工生产、燃气、燃料电池汽车等方面发挥更大的作用。该系统基于电能链和氢产业链两条路径实现能量流转，提升电网电能质量与氢气的附加价值。因此，氢储能技术在可再生能源电力富足并且具有氢产业链的地区将具有较好的经济效益。否则，由制氢、储氢、氢发电组成的氢储能技术由于效率过低，经济效益较差。

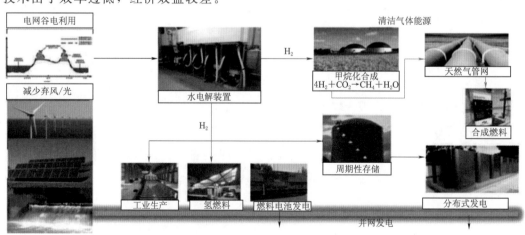

图 5 - 10　氢储能原理示意图

5.1.3.3　储能产业发展趋势

锂离子电池储能具有响应速度快、布局灵活等优势，技术相对成熟，目前是主流技术选择，但其固有安全问题未得到根本性解决。

全钒液流电池储能具有安全性高、循环寿命长等优势，但能量密度低、转换效率不高，目前处于百兆瓦级试点示范阶段。

压缩空气储能能够为系统提供转动惯量支撑，具有容量大、持续充放电时间长、选址相对灵活、扩展性好等优势，但占地面积大、转换效率低，目前有多个百兆瓦级试点示范项目正在实施。

主要储能形式技术特点见表 5-1。

表 5-1　　　　　　　　　　　主要储能形式技术特点

技术类型	时长	效率/%	响应时间	寿命	功率密度/(W/kg)	能量密度/(Wh/kg)
抽水蓄能	4～10h	70～80	分钟级	30～40 年	—	0.5～1.5
压缩空气储能	4～20h	40～65	分钟级	30～50 年	—	3～6Wh/L
锂离子电池	1min～6h	85～90	毫秒级	6000～10000 次	200～300	150～250
全钒液流电池	6～20h	70～75	毫秒级	10000～15000 次	10～30	14～20

近年来，锂离子电池储能充放电循环寿命提升较快，成本下降明显，目前系统建设成本约为 1500～2000 元/(kW·h)，但全寿命周期度电成本仍为抽水蓄能的 2～3 倍。全钒液流电池储能关键材料和部件还未实现大规模商业化，系统建设成本约为 3500～4000 元/(kW·h)。新型压缩空气储能关键设备已实现国产化，系统建设成本降至约 1500～2500 元/(kW·h)。飞轮、钠离子等其他类型新型储能技术产业化程度低，经济性尚不可比。主要储能形式建设成本见表 5-2。

表 5-2　　　　　　　　　　　主要储能形式建设成本

技术类型	功率等级	功率成本/(元/kW)	能量成本/[元/(kW·h)]
抽水蓄能	GW 级	5700～6400	900～1200
压缩空气储能	百 MW 级	9000～15000	1500～2500
锂离子电池	百 MW 级	1500～9000	1500～2000
全钒液流电池	百 MW 级	14000～16000	3500～4000

抽水蓄能受到国家政策支持，将在"十四五"及"十五五"时期快速发展。截至 2022 年年底，常规抽水蓄能技术已较为成熟，转换效率达到 70%～80%，建设成本为 900～1200 元/(kW·h)；预计 2030 年其装机规模将达到 1 亿 kW，研究并应用高水头、高转速、大容量技术，并针对海水抽水蓄能技术开展示范应用；中长期来看，根据《抽水蓄能中长期发展规划》建立中长期发展项目库，总规模将达 7.26 亿 kW，其中重点实施项目 4.21 亿 kW。

2020—2030 年抽水蓄能发展趋势如图 5-11 所示。

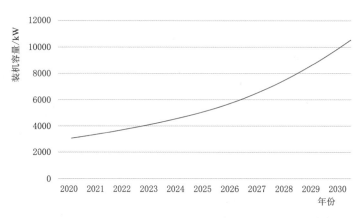

图 5-11　2020—2030 年抽水蓄能发展趋势

电化学储能近年来在本体研发、规模化集成、安全防护、功能实现等关键技术领域持续提升，仍是近中期新型储能发展的主要技术选择。截至 2022 年年底，锂离子电池实现大规模商业化应用，应用规模达到百兆瓦级和吉瓦级，建设成本为 1500～2000 元/(kW·h)；预计到 2030 年，多类型储能电池均实现商业化应用，主要以吉瓦级应用为主，单位容量建设成本将达到 500～700 元/(kW·h)，度电成本接近 0.1 元/(kW·h·次)，电化学储能较抽水蓄能具备成本优势；从长远来看，高安全、长寿命、低成本储能电池技术得到突破，电化学储能将广泛布局于"源网荷"的各个环节。电化学储能建设成本预测如图 5-12 所示。

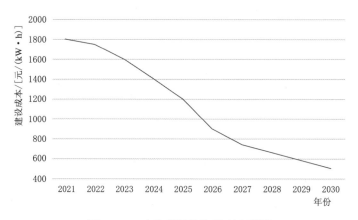

图 5-12　电化学储能建设成本预测

其他新型储能。预计到 2025 年，压缩空气、液流电池等长时储能技术将进入商业化发展初期，钠离子电池储能技术将进入大容量试点示范阶段。此外，氢储能可作为长周期、跨季节调节的潜在储能技术，在转换效率和利用成本方面还有待探索突破。

5.2 储能技术应用场景

从整个电力系统的角度看，储能的应用场景可以分为电源侧储能、电网侧储能和用户侧储能三大场景。这三大场景又都可以从电网的角度分成能量型需求和功率型需求。能量型需求一般需要较长的放电时间（如能量时移），而对响应时间要求不高。与之相比，功率型需求一般要求有快速响应能力，但是一般放电时间不长（如系统调频）。实际应用中，储能的某一功能应用并不局限于单一应用场景，以平滑输出、跟踪出力计划为例，可同时应用于电源侧、电网侧和用户侧，因此需要根据各种场景中的需求对储能技术进行分析，以找到最适合的储能技术。储能的主要应用场景如图5-13所示。

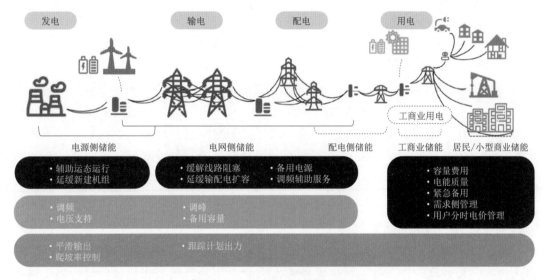

图5-13 储能的主要应用场景

2020年，随着可再生能源配置储能政策的出台，可再生能源并网侧储能的新增比例在当年大幅增加，占比超40%。根据彭博新能源财经（BNEF）预测，"十四五"期间可再生能源配置储能及独立调频储能将占据主要地位。

我国电池储能新增装机量应用场景划分情况如图5-14所示。

5.2.1 电源侧

从发电侧的角度看，储能的需求终端是发电厂。由于不同的电力来源对电网的不同影响，以及负载端难预测导致的发电侧和用电侧的动态不匹配，发电侧对储能的需求场景类型较多。储能在电源侧的主要应用场景包括可再生能源并网、能量时移、辅助动态运行、系统调频、备用容量和负荷跟踪等方面。在当前政策框架下，电源侧储

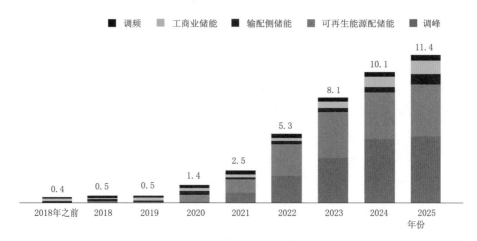

图 5-14　我国电池储能新增装机量应用场景划分情况（单位：GW）

能电站的收益点主要为削峰填谷带来的增发收益等，在未来准许可再生能源＋储能参与电力辅助服务市场，明确调峰补偿后，电源侧储能还可获得参与电力辅助服务市场获取的收益和深度调峰收益。

（1）可再生能源并网。储能系统和可再生能源可成为一个完整的系统，由于风电、光伏发电出力随机性、间歇性的特点，其电能质量相比传统能源要差，储能可平滑风电和光伏出力的波动性，实现可调节、可调度的输出，跟踪发电计划以应对电网考核，提升波动性电源的一次调频、基础无功支撑能力，减少电力系统中备用机组容量，使风电、光伏发电等可再生能源对电网更加友好。同时由于可再生能源发电的波动（频率波动、出力波动等）一般在数秒到数小时之间，因此既需要功率型应用也需要能量型应用，一般可以将其分为可再生能源能量时移、可再生能源发电容量固化和可再生能源出力平滑三类应用。通过在风电场、光伏电站配置储能的方式，基于电站出力预测和储能充放电调度，可保障可再生能源电力的消纳。在负荷低时，储能系统可储存暂时无法消纳的弃风、弃光电量，之后转移至其他时段再进行并网，实现能量时移和出力平滑。通过减少弃风、弃光电量，储能系统可提升风电、光伏项目的经济效益。

（2）能量时移。通过储能的方式实现用电负荷的削峰填谷，即发电厂在用电负荷低谷时段对电池充电，在用电负荷高峰时段将存储的电量释放。此外，将可再生能源的弃风、弃光电量存储后再移至其他时段进行并网也是能量时移。能量时移属于典型的能量型应用，其对充放电的时间没有严格要求，对于充放电的功率要求也比较宽松，但是用户的用电负荷及可再生能源的发电特征导致能力时移的应用频率相对较高，每年在 300 次以上。

（3）辅助动态运行。动态运行是指为了实现负荷和发电之间的实时平衡，火电机组需要根据电网调度的要求调整输出，而不是恒定地工作在额定输出状态，具体包括启动、爬坡、非满发和关停 4 种运行状态。一般来说，火电机组都设计成满发时为经济运行状态，机组的热效率最高。而动态运行则会使机组的部分组件产生蠕变，造成这些设备受损，提高故障发生的可能性，降低机组可靠性，最终增加了设备的检修更换费用，降低了整个机组的使用寿命。辅助动态运行主要是以储能系统和传统火电机组联合运行的方式，按照调度的要求调整输出的大小，尽可能让火电机组工作在接近经济运行的状态下，提高火电机组的运行效率。采用储能可以在用电负荷低谷时充电，在用电尖峰时放电以降低负荷尖峰；利用储能系统的替代效应将煤电的容量机组释放出来，从而提高火电机组的利用率，增加其经济性。同时，储能和传统火电机组的联合运行可避免动态运行对火电机组寿命的损害，减少火电机组设备维护和更换的费用，进而延缓或减少发电侧对于新建发电机组的需求。

（4）系统调频。电力系统频率是电能质量的主要指标之一。实际运行中，系统频率并不能时刻保持在基准状态，发电机功率和负荷功率的变化将引起电力系统频率的变化。频率变化会对发电设备及用电设备的安全高效运行及寿命产生影响，因此频率调节至关重要。调频主要有一次调频和二次调频两种方式：一次调频是系统频率偏离标准值时，利用发电机组调速器作用，按照系统固有的负荷频率特性，调节发电机组出力的方式；二次调频是指移动发电机组的频率特性曲线，即改变发电机组调速系统的运行点，增加或减少机组有功功率，从而调整系统的频率。储能系统与发电机组联合参与电网二次调频是目前已商业化应用的储能运营模式。同火电机组相比，储能系统在充放电功率的控制方面具有显著的优势，其控制精度、响应速度等指标均远高于火电机组。当参与二次调频的火电机组受爬坡速率限制、不能精确跟踪调度调频指令时，储能可高速响应从而从根本上改变火电机组的自动发电控制（Automatic Generation Control，AGC）能力，避免调节反向、调节偏差以及调节延迟等问题，获得更多的 AGC 补偿收益。

（5）备用容量。备用容量指在满足预计负荷需求以外，针对突发情况时为保障电能质量和系统安全稳定运行而预留的有功功率储备，一般备用容量为系统正常电力供应容量的 15%～20%，且最小值应等于系统中单机装机容量最大的机组容量。由于备用容量针对的是突发情况，一般年运行频率较低，如果是采用电池单独作备用容量服务，经济性无法得到保障，因此需要将其与现有备用容量的成本进行比较来确定实际的替代效应。

（6）负荷跟踪。负荷跟踪是针对变化缓慢的持续变动负荷，进行动态调整以达到实时平衡的一种辅助服务。变化缓慢的持续变动负荷又可根据发电机运行的实际情况细分为基本负荷和爬坡负荷，负荷跟踪则主要应用于爬坡负荷，即通过调整出力大小，尽量减小传统能源机组的爬坡速率，让其尽可能平滑过渡到调度指令水平。负荷跟踪与容量机组相比，对放电响应时间要求更高，要求响应时间在分钟级。

5.2.2　电网侧

储能在电网侧的应用主要是缓解电网阻塞、延缓输配电设备扩容升级、电力系统调峰、提高新能源消纳水平和无功支撑。相对于电源侧的应用，电网侧的应用类型少，同时从效果的角度来看更多是替代效应。

（1）缓解电网阻塞。线路阻塞指电力输送服务的要求大于电网的实际物理输送能力。产生阻塞的根本原因是不同区域内发电和输电能力的不平衡。一般而言，短期的阻塞多由系统的突发事故或系统维护引起。长期的阻塞多是结构性的，主要由于某个区域内发电结构以及输电网的扩展规划不匹配所引起。在电网侧线路上游建设储能系统，可在发生线路阻塞时将无法输送的电能存储到储能设备中，等到线路负荷小于线路容量时，再向线路放电。一般对于储能系统要求放电时间在小时级，运行次数在50~100次，属于能量型应用，对响应时间有一定要求，需要在分钟级。在开放竞争性的电力市场环境中，如果将储能安装在高发电成本的一端，通过储能在低谷充电、高峰放电，可有效降低高峰时期对其他机组发电量的需求，降低阻塞情况。

（2）延缓输配电设备扩容升级。为应对输配电网阻塞带来的弃电等问题，最常见也最简单的做法是在现有输配电网的基础上扩容。然而，扩容或新建输配电网会面临成本高昂、建设时间长、使用时间不足以及由于新建基础设施而带来的环境和社会影响等问题。因此，很多时候扩容或新建输配电设备并不是应对输配电网阻塞的最佳解决方案。建设储能可成为升级或新建输配电设备的替代解决方案，在负荷接近设备容量的输配电系统内，如果一年内大部分时间可以满足负荷供应，只在部分高峰特定时段会出现自身容量低于负荷的情况时，可以利用储能系统通过较小的装机容量有效提高电网的输配电能力，从而延缓新建输配电设施成本，延长原有设备的使用寿命，降低成本。相较于输配电网扩容，储能电站建造时间更短，社会和环境影响更小，在储能成本大幅降低的前提下，这一解决方案的经济性也进一步加强。

（3）电力系统调峰。在电力系统的实际运行过程中，电力负荷在一天内是不均匀的，用电负荷有高峰、低谷之分。一般而言，电力系统会在中午和晚上出现2次尖峰负荷，深夜则为用电最少的低谷负荷。为了维护电力系统的平衡，在用电高峰时，需要增加发电机组出力或限制负荷来满足需要；而在用电低谷时，需要减少发电机组出力，保持发电、输电和用电之间的平衡，使供电的频率、质量在合格范围内。电力调峰就是随时调节发电出力以适应用电负荷每天周期性变化的行为。储能系统可作为电源输出功率或负荷吸收功率，实现用电负荷的削峰填谷，即在用电负荷低谷时发电厂对储能电池充电，在用电负荷高峰时将存储的电量释放，以帮助实现电力生产和电力消费之间的平衡。储能应用于电力调峰可保障短时尖峰负荷供电，延缓新建机组的建设需求。光伏电站储能调峰原理如图5-15所示。

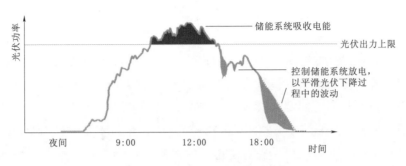

图 5-15　光伏电站储能调峰原理

（4）提高新能源消纳水平。新能源弃电现象的发生主要有两种原因：一种是系统性弃电，即新能源电站大发时，由于其所上连的升压汇集站处理能力不足，而导致必须弃掉部分新能源电量；另一种则是策略性弃电，即当新能源电力大发时，由于电网消纳能力不足，导致必须弃掉无法消纳的新能源电量。电网侧储能通过在电网关键节点建设大型储能电站，在新能源发生弃电情况下，将新能源电站所弃电量充入储能电站，在输电通道有富裕容量时放电，提升新能源消纳能力。

（5）无功支撑。无功支撑指在输配线路上通过注入或吸收无功功率来调节输电电压。无功功率的不足或过剩都会造成电网电压波动，影响电能质量，甚至损耗用电设备。电池可以在动态逆变器、通信和控制设备的辅助下，通过调整其输出的无功功率大小来对输配电线路的电压进行调节。无功支撑属于典型的功率型应用，放电时间相对较短，但运行频次很高。

5.2.3　用户侧

用户侧是电力使用的终端，用户是电力的消费者和使用者，发电及输配电侧的成本及收益以电价的形式表现出来，转化成用户的成本，因此电价的高低会影响用户的需求。储能在用户侧的主要应用场景包括电力自发自用水平提升、峰谷价差套利、用户分时电价管理、容量费用管理、提高电能质量和提升供电可靠性等方面。在当前政策框架下，用户侧储能电站的收益主要来自于峰谷价差带来的电费节省。在未来落实分布式可再生能源＋储能参与电力辅助服务市场机制、补偿需求响应价值等政策进一步完善的情况下，用户侧储能电站的收益还可包括需求响应收益、延缓升级容量费用收益、参与电力辅助服务市场所获取的收益等部分。

（1）电力自发自用水平提升。以分布式光伏系统为例，如不配置储能系统，家庭用户和工商业用户将白天无法消纳的电力接入电网，并从电网采购电力满足夜间的用电需求，这是目前家庭用户和工商业用户屋顶光伏普遍采用的方式。如在光伏系统的基础上配置储能，家庭用户和工商业用户可提升电力自发自用水平，直至实现白天和夜间的电力需求都由自家光伏系统满足。分布式能源＋储能应用这一场景得以推广的主要经济驱动因素之一是提高电力自发自用水平，延缓和降低电价上涨带来的风险，以及规避因电力供应短缺而带来的损失。例如，对于安装分布式光伏系统的家庭和工商业用户，考虑到光伏在白天发电，而用户一般在下午或夜间负荷较高，通过配置储能可以更好地利用自发电力，提高自发自用水平，降低用电成本。

（2）峰谷价差套利。2021 年 7 月，国家发展改革委发布了《关于进一步完善分时电价机制的通知》（发改价格〔2021〕1093 号），要求各地将系统供需宽松、边际供电成本低的时段确定为低谷时段，充分考虑新能源发电出力波动以促进新能源消纳，考虑净负荷曲线变化特性以引导用户调整负荷。根据公开资料统计，截至 2021 年年底，已有 24 个省区发布分时电价相关政策（8 个省区处于征求意见阶段）。其中，所有省区峰谷电价比例不低于 3，有 10 个省区不低于 4，广东省峰谷电价比例甚至高达 4.47，尖峰电价在高峰电价的基础上上浮 25％，均为全国最高。峰谷电价的实施改善了电力供需状况，也扩大了储能在用户侧的峰谷价差套利空间。在实施峰谷电价的电力市场中，工商业用户通过低电价时给储能系统充电、高电价时储能系统放电的方式，将高峰时期的用电量平移至低谷时段，实现峰谷电价差套利。

（3）用户分时电价管理。电力部门将每天 24h 划分为高峰、平段、低谷等多个时段，对各时段分别制定不同的电价水平，即为分时电价。用户分时电价管理和能量时移类似，区别仅在于用户分时电价管理是基于分时电价体系对电力负荷进行调节，而能量时移是根据电力负荷曲线对发电功率进行调节。

（4）容量费用管理。不同于居民用户的单一制电价，国内大部分地区的工商业用户均实施两部制电价，两部制电价是将与容量对应的基本电价和与用电量对应的电量电价结合起来决定电价的制度。从电价成本的角度来看，它可以分为与容量成比例的固定费、与用电量成比例的可变费、与用户数成比例的用户费 3 个成本要素。因此，用与容量成比例的固定基本电价和与用电量成比例的每月变动的电量电价来决定电费的方法，是一种能够比较真实地反映成本构成的相对合理的电价制度。工商业用户可以利用储能系统在用户的用电低谷时储能，在用电高峰时放电，降低用户的尖峰功率以及最大需量功率，使工商业用户的实际用电功率曲线更加平滑，降低企业在高峰时的最大需量功率，起到降低容量电价的作用。用户可以利用储能系统在用电低谷时储能，在高峰时负荷放电，从而降低整体负荷，达到降低容量费用的目的。降低容量电价模式示意如图 5-16 所示。

（5）提高电能质量。电信、精密电子、数据中心等行业用户对电能质量要求较高。由于存在电力系统操作负荷性质多变、设备负载非线性等问题，用户获得的电能存在电压、电流变化或者频率偏差等问题，此时电能的质量较差。系统调频、无功支撑就是在电源侧和电网侧提升电能质量的方式。在用户侧，储能系统同样能够在短期故障的情况下，保持电能质量，减少电压波动、频率波动、功率因数、谐波以及秒级

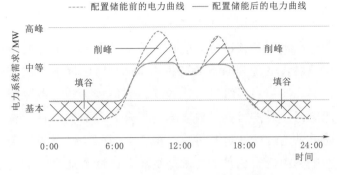

图 5-16 降低容量电价模式示意图

到分钟级的负荷扰动等因素对电能质量的影响。通过储能提高电能质量获得的收益，主要跟电能质量不合格事件的次数以及低质量的电力服务给用户造成的损失程度有关。同时，配备的储能系统的容量等指标也能影响该部分的收益。

（6）提升供电可靠性。储能用于提高微电网供电可靠性，指发生停电故障时，储能能够将储备的能量供应给终端用户，避免了故障修复过程中的电能中断，以保证供电可靠性。该应用中的储能设备必须满足高质量、高可靠性的要求，具体放电时长主要与安装地点相关。

5.3 储能侧发展路线探索

5.3.1 抽水蓄能

根据《抽水蓄能中长期发展规划（2021—2035 年）》要求，到 2025 年，抽水蓄能投产总规模 6200 万 kW 以上；到 2030 年，投产总规模 1.2 亿 kW 左右；到 2035 年，形成满足新能源高比例大规模发展需求、技术先进、管理优质、国际竞争力强的抽水蓄能现代化产业，培育形成一批抽水蓄能大型骨干企业。为加快建设新型电力系统，必须统筹系统需求和资源条件，推动抽水蓄能多元化发展。

5.3.1.1 抽水蓄能最优配置原则和最优布局方案研究

发挥资源优势，研究抽水蓄能最优配置原则和最优布局方案，最大限度保证抽水蓄能调节作用。为发挥中小型抽水蓄能电站站点资源丰富、布局灵活、距离负荷中心近、与分布式新能源紧密结合等优势，结合资源丰富地区电力发展和新能源发展需求，因地制宜规划建设中小型抽水蓄能电站，探索与分布式发电等结合的小微型抽水蓄能技术研发和示范建设。

抽水蓄能电站如何布局和规划是一个需要全面和动态研究的问题，其在电网中的合理比重，主要取决于电网负荷水平、负荷特性、电源组成以及电力系统安全稳定运行等。

1. 最优配置原则

随着我国社会经济结构的调整和人民生活水平的提高，用电侧对电网的要求越来越高；随着大容量火电机组和核电机组的投产，太阳能和风电等间歇性可再生能源的高速发展和大规模并网，电源侧的不确定性和随机性对电网的冲击会越来越大；随着跨区域、大规模、长距离、高等级电力输送规划的逐步实施，电网的安全保障问题会越来越突出；智能电网建设的目标又要求电网具有高度的安全性、灵活性、适应性和经济性。抽水蓄能电站的特性注定其将成为解决上述问题的有效手段之一，电力系统对抽水蓄能电站在电网中所占比重的要求会更高，通过考虑多方面约束，研究电力系统中抽水蓄能的最优配比是必不可少的部分。

日本作为目前抽水蓄能电站发展最快、装机容量最多的国家，其抽水蓄能电站建设规模始终根据电网总体经济最优确定，占装机总容量的比例也一直保持在10％左右。日本学者曾用规划论方法分析，认为抽水蓄能机组在电网中的比例在8％～14％比较合理。国内有专家学者认为，从我国目前的电源构成和布局看，抽水蓄能电站的比重达到5％基本符合我国国情，依据现有能源政策，通过对我国部分电网2020年及2030年电源优化配置分析可知，抽水蓄能电站的合理规模应在电力总装机容量的6％～10％，而水电比重较大的电网，其合理规模应在4％～7％。

2. 最优布局方案

最优布局方案，主要考虑电源结构、区域经济发展情况和电网安全影响。

(1) 电源结构方面。我国能源资源布局不均衡，电网以火电为主，但不同区域电源构成有较大差异，西南地区水电较丰富，"三北"地区风能资源较好，东南沿海一带核电配置较多。由于能源资源分布与电力需求市场呈逆向分布，电力资源主要集中在经济不甚发达的西部地区，用电负荷主要集中在经济比较发达而能源短缺的东部地区，这样的现实决定了未来我国电力发展必须坚持"一特四大"的发展战略，即：积极发展以特高压电网为骨干网架的坚强电网，促进大水电、大煤电、大核电、大型可再生能源基地的建设。大型核电、水电、太阳能和风电基地的集约化开发，将带来电网调峰和电网运行调控方面的一系列问题，因此，需要根据区域电源结构的不同，优化抽水蓄能电站布局情况。

(2) 区域经济发展方面。我国各地区、各省电网所在地区经济发达程度不同，由此影响到负荷特性也有较大的差别。从目前我国已建和在建抽水蓄能电站布局分析，电站主要分布在华南、华中、华北、华东、东北等以火电为主、经济相对发达的地区。这些地区经济发展较快，电力负荷和峰谷差增加迅速，用电高峰时段，在短时间内负荷增加的幅度大，增加速率快，完全依靠火电机组适应这种负荷变化难度较大。抽水蓄能电站可在很大程度上解决以上问题，提升电网调节能力。

(3) 电网安全方面。随着特高压电网建设和全国电网联网工程的推进，电力资源优化配置的范围将进一步加大，抽水蓄能电站已不只是在局部电网发挥作用，而是在区域电网及跨区互联电网中发挥互补性整体作用。电网规模越大，保证电网稳定和安全运行就越重要，一旦出现事故，造成的损失也越大。抽水蓄能电站的快速反应和调频、调相，尤其是黑启动等功能，可以对电网的稳定和安全运行起重要作用。

5.3.1.2 新能源规划建设与联合调度运行研究

推动"风电＋蓄能""太阳能＋蓄能"一体化发展，要开展抽水蓄能电站对大规模新能源接入系统的适应性研究，同时要研究抽水蓄能机组变速技术，结合变频调速机组的特性，适应新型电力系统建设和大规模高比例新能源发展需要，以"新能源＋抽水蓄能"形式实现能量存储、降低煤耗、节能减排的综合效益。

抽水蓄能电站是世界公认的理想的调峰电源之一，其主要特点是启停迅速，升荷、卸荷速度快，运行灵活可靠，既能削峰又可填谷，能够很好地适应电力系统负荷变化，改善火电机组运行条件，提高电网经济效益，也可作为调频、调相、事故备用电源，提高供电可靠性。在合理范围内规模化建设"新能源＋抽水蓄能"，可实现可再生能源一体化规划建设、调度运行和消纳。抽水蓄能一方面可依托自身的调节能力指导新能源综合基地的规划和建设，另一方面可与新能源联合调度运行，提升新能源消纳水平。

（1）新能源规划建设方面。一是采用离散-优选法，构建水风光互补运行仿真模型，对新能源容量在预定范围内进行离散并开展不同新能源配置规模下的运行模拟，根据运行模拟结果的技术经济指标优劣，优选出流域新能源配置规模；二是采用直接优化法，将新能源配置规模作为模型优化变量，构建内置时序运行模拟的评估模型，通过数学优化直接求解获得新能源最佳配置规模。

（2）联合调度运行方面。在距离新能源较近的地方建设抽水蓄能电站，形成"新能源＋抽水蓄能"典型应用场景，在新能源日内发电高峰时段、电网送出受到限制时，抽水蓄能电站抽水运行，在新能源日内发电低谷时段、电网送出能力有富裕时，抽水蓄能电站发电运行，这样可以消减新能源的不均衡性，减小输电线路的规模，提高输电线路的利用小时数，提高整个电网的可靠性、可用性和综合效率。长期尺度上，依托抽水蓄能大规模季节性调节能力和水风光资源季节性互补作用，提升枯期外送通道利用率以促进新能源消纳，降低汛期外送通道挤占风险以保障汛期水电消纳；中期尺度上，挖掘梯级水电对新能源连续多日波动的补偿调节能力，以确保水风光可再生能源基地的持续供电可靠性和消纳调节能力充裕性；短期尺度上，充分发挥抽水蓄能爬坡能力强、启停迅速的灵活性优势，通过优化水电出力过程和备用配置，应对新能源的反调峰和随机波动特性，还需要根据水电站在枯水期和丰水期运行工况、电网实际调度需求、消纳保供任务的差异性，适时调整电力送出模式。

5.3.2　新型储能

根据《"十四五"新型储能实施方案》要求，到 2025 年，新型储能由商业化初期步入规模化发展阶段，具备大规模商业化应用条件。新型储能技术创新能力显著提高，核心技术装备自主可控水平大幅提升，标准体系基本完善，产业体系日趋完备，市场环境和商业模式基本成熟。其中，电化学储能技术性能进一步提升，系统成本降低 30% 以上；火电与核电机组抽汽蓄能等依托常规电源的新型储能技术、百兆瓦级压缩空气储能技术实现工程化应用；兆瓦级飞轮储能等机械储能技术逐步成熟；氢储能、热（冷）储能等长时间尺度储能技术取得突破。到 2030 年，新型储能全面市场化发展。新型储能核心技术装备自主可控，技术创新和产业水平稳居全球前列，市场机制、商业模式、标准体系成熟健全，与电力系统各环节深度融合发展，基本满足构建新型电力系统需求，全面支撑能源领域碳达峰目标如期实现。

为落实新型储能实施方案，支撑新能源占比逐渐提高的新型电力系统建设，针对新型储能规模化发展、商业化应用所面临的重要问题，以提高新型储能利用率、推动新型储能规模化发展布局、实现多种类型储能协同运用为总体目标，从新型储能本体研究、多场景融合规划方法、运营模式及机制、仿真建模和状态评估、运行控制方法和风险防御、构网型储能研究与应用、安全防控和退役处理等方面深入开展研究，攻克多元储能与电力系统协同运行技术、构网型储能控制与运行技术，支撑构建"源网荷储"多元智能互动调控体系，推动构网型储能技术应用，提升系统调节能力，支撑电力保供和新能源消纳。

5.3.2.1　新型储能本体研究与应用

针对大规模储能应用中的关键问题，研究锂离子电池正负极材料、电芯生产装置和工艺技术，突破高安全性、低成本、长寿命的固态锂电池技术，研发储备液态金属电池、固态锂离子电池、金属空气电池等新一代高能量密度储能技术，提高锂电池能量密度、安全性能、充放电次数。

1. 新型锂离子电池正负极材料及制造工艺技术研究

通过补锂技术、掺硅技术以及采用新型隔膜材料和电解质材料，提高锂离子电池能量密度，进一步提升锂离子电池储能系统的效率和充放电次数。

（1）正极材料方面，通过补锂技术提升电池能量密度。锂离子电池补锂技术也是提升电池能量密度的一个重要手段，补锂也叫"预锂化""预嵌锂"，是在电池材料体系中引入高锂含量物质，并使得该物质有效释放锂离子，弥补活性锂损失，抵消不可逆锂损耗，提升电池的实际能量密度和循环寿命。正极补锂工艺是在正极匀浆的过程中，向其中添加少量的高容量补锂添加剂，在充电的过程中，多余的锂元素从这些高容量正极材料脱出，嵌入到正极中补充首次充放电的不可逆容量。实施补锂技术后，磷酸铁锂电池的能量密度预计可提升 20％左右。

（2）负极材料方面，研究具有高比容量的碳硅复合材料，通过掺硅技术在负极材料当中加入硅元素，提高负极中硅的含量，同时增加锂的含量，来弥补因硅含量提升而导致的电池在充放电过程中锂损耗的提高。目前锂电池中主要采用碳（石墨）为负极，石墨负极的不可逆容量损失大于 6％，硅基负极不可逆容量损失甚至高达 10％～30％。同时，硅材料的质量比容量最高可达 4200mAh/g，远大于碳材料的 372mAh/g，是目前已知能用于负极的材料中理论比容最高的材料。掺硅技术是在补锂技术的基础上，为了解决碳负极材料 SEI 膜造成的容量损失，通过预锂化对电极材料进行提前补锂，抵消形成 SEI 膜所造成的不可逆锂损耗，结合硅材料具有的低嵌锂电位、低原子质量、高能量密度、环境友好、储量丰富、成本较低等特性，通过补锂技术提高负极材料的硅含量，改善低首效的短板，提高电池的总容量和能量密度。

（3）隔膜方面，为提高锂离子电池能量密度，隔膜制造工艺将会由干法隔膜向湿法隔膜发展，同时为提供隔膜的热稳定性，提升电池的安全性能，可采用在湿法隔膜上进行陶瓷涂覆，陶瓷涂覆可提高隔膜的耐热性，有效提升安全性能。湿法隔膜工艺是利用热致相分离的原理，将增塑剂（高沸点的烃类液体或一些分子量相对较低的物质）与聚烯烃树脂混合，利用熔融混合物降温过程中发生固-液相或液-液相分离的现象，压制膜片，加热至接近熔点温度后拉伸使分子链取向一致，保温一定时间后用易挥发溶剂将增塑剂从薄膜中萃取出来，进而制得相互贯通的亚微米尺寸微孔膜材料。湿法隔膜整体性能优于干法隔膜，隔膜产品的性能受基体材料和制作工艺共同影响。隔膜的稳定性、一致性、安全性对于锂电池的放电倍率、能量密度、循环寿命、安全性有着决定性影响。相比于干法隔膜，湿法隔膜在厚度均匀性、力学性能（拉伸强度、抗穿刺强度）、透气性能、理化性能（润湿性、化学稳定性、安全性）等材料性质方面均更为优良，有利于电解液的吸液保液并改善电池的充放电及循环能力，适合做高容量电池。陶瓷涂覆是将具有熔点高、化学稳定性好、与电解液亲和性好的无机陶瓷材料涂覆在湿法隔膜上，形成的有机材料作为底膜，陶瓷颗粒作为涂层材料的复合隔膜。

（4）电解质方面，提高电池的安全性和稳定性是未来的方向。液态电解质方面 LiFSI 具有较好的应用前景，LiFSI 作为电解液锂盐有两种应用方式，作为通用锂盐添加剂形成 $LiPF_6$-LiFSI 混合锂盐，以及纯 LiFSI 锂盐替代 $LiPF_6$。

2. 新一代高能量密度储能技术研发

研发储备液态金属电池、固态锂离子电池、金属空气电池等新一代高能量密度储能技术。

（1）液态金属电池。液态金属电池是新兴的电化学储能技术，由三层液体组成的电化学电池，负极可采用低电负性、低密度的碱金属或碱土金属（Li、Na、Mg、Ca、

K 等），正极可采用较高电负性、较高密度的金属或者类金属（Bi、Sb、Sn、Te、Pb 等），电解质则采用低成本、高电导率、高安全性、密度介于正负极之间的二元或多元熔融卤素无机盐，可看作由正离子流体和自由电子气组成的混合物，是一种不定型金属。电池放电过程中，负极金属（如 Ca）失去电子，被氧化进入电解质中，再经由电解质迁移至正极，进一步与从外电路传导至正极的电子结合，并与正极（如 Sb）发生合金化反应，形成 Ca - Sb 合金；充电过程则与之相反。在工作温度下，正、负极和熔盐电解质均处于液态，三者由于密度的不同自动分层。得益于独特的液—液界面，其动力学传输特性极为优异，即便在 $2A/cm^2$ 的高电流密度下也能保持较高的能量效率运行。由于使用的是液态金属电极，完全消除了枝晶生长的问题，全液态结构使得其在充放电过程中电极结构具有高的自愈性，使得液态金属电池寿命及安全性能都很高，因此可以长期安全运行，预计电池寿命可以达到 15～25 年。液态金属电池由于液态电极摆脱了传统固态电极材料的循环寿命短、热失控等问题，加上液态电极独特的传质与反应动力学特性，使其具有大容量、高功率等优点。除此之外，电池还具有结构灵活、成本低、制造方便、循环寿命长等优势。因此这类电池在储能方面有着非常广阔的前景。

（2）固态锂离子电池。固态锂离子电池是指采用固态电解质的锂离子电池，工作原理上，固态电池和传统的锂电池并无区别。对于储能系统而言，固态电池最显著的优势就是安全。固态电解质具有阻燃、易封装等优点，还可以提高电池的能量密度。此外，固态电解质具有较高的机械强度，能够有效抑制液态锂金属电池在循环过程中锂枝晶刺穿，使开发具有高能量密度的锂金属电池成为可能。因此，全固态锂电池是离子电池的理想发展方向。要实现固态电池的技术突破，需要突破两大挑战：一是锂金属负极的缺陷，二是固态电解质与正负界面失效的问题。由于固态电解质本身比电解液和隔膜要更重，正极体系并没有变化，因此要实现质量能量密度的超越，只有通过使用锂金属负极，它所能存储的锂密度大约是石墨的 10 倍。对于金属作为负极的全固态锂电池来说，需考虑电池内锂枝晶生长问题。在固态电解质中的枝晶生长较液态电解液中更为复杂和多样化，混合了不同的物理和化学环境，其具体机制目前还不确定。另外，还要考虑固态电解质与正负极界面失效问题。固态电解质中的无机电解质与锂金属接触不良，会导致界面电阻高且电流分布不均，而聚合物电解质在常温下保持界面处物化性质稳定的能力不足，两者通过影响电解质界面稳定性进而影响全固态电池长循环寿命。

（3）金属空气电池。金属空气电池是一种以 Fe、Zn、Mg、Al、Li、Na、K 等过渡金属作为负极，空气（里的氧气）为正极的化学电池，根据电解质的区别，可分为水系和非水系。金属空气电池的工作原理类似于普通电池，即在阳极和阴极之间通过化学反应来产生电能。几种常见的金属空气电池中，铝空气电池以铝为负极，空气为正极，氢氧化钾或氢氧化钠水溶液为电解质；锌空气电池又称锌氧电池，以锌为负极，活性炭吸附空气中的氧或纯氧为正极活性物质，氯化铵或苛性碱溶液为电解质。金属空气电池都有开放电池结构的特点，为阴极活性物质（即氧气）提供反应场所。而这种阴极活性物质可以直接从空气中源源不断地获取，节约成本，提高比能量密度。这种高电能容量也取决于阴极活性物质（即氧气）不用储存在电池内部，阳极金属也能提供较多的价原子。尤其是锂空气电池，比能量密度高达 11700Wh/kg，几乎可以跟液体汽油相媲美。

5.3.2.2 储能规划配置和运营模式

面向电化学、压缩空气等多类型储能，针对复杂场景下的储能规划与运营模式问题，采用分层解析方法，提出电力系统不同发展阶段对储能的需求及多类型储能技术发展路径，从主网规划、配网规划、商业模式及市场机制建设角度入手构建分层、分区、分类型的储能规划体系与分功能、分市场、分主体的储能运营体系，完善新型储能质效评估体系与成本疏导机制。

1. 多类型储能规划配置与布局方法研究

多类型储能规划配置与布局方法研究，主要是研究省级电网多元储能分层分区规划技术，明确电力系统不同发展阶段对储能的需求及多类型储能技术发展路径。

储能规划布局配置策略和适用性分析包括：开展电化学储能、抽水蓄能、氢能、空气压缩储能等多类型储能技术在青海电网的应用场景、配置策略以及接入模式研究；储能不同控制策略对青海电网安全稳定特性影响研究，分析高比例新能源接入条件下储能、抽水蓄能不同控制策略对新能源机组脱网抑制效果；加强抽水蓄能和新能源协同发展模式研究，完成新能源＋储能柔性送出基地设计和技术储备，形成储能支撑内部消纳、电网运行和大规模送出的技术体系。

2. 多元全周期新型储能容量配比优化

多元全周期新型储能容量配比优化，研究储电、储热、储气、储氢、抽水蓄能的出力特性，利用云耦合模型得到多类型储能两两之间的时空互补特性，构造多类型储能的出力模型，利用双层优化模型得到满足不同时间和空间尺度上容量配比，最终得出多类型储能最优效益运行方案。

兼顾多场景调节与主动支撑能力的构网型储能分层分区规划关键技术包括：研究多场景调节与支撑需求刻画方法与构网型储能适应性；研究计及不同寿命特性的构网型储能调节与支撑能力建模方法；研究基于分层分区电力平衡约束的构网型储能统一选址定容优化方法；开展兼顾多场景调节与主动支撑能力的构网型储能分层分区规划工具的研发及示范应用。

3. 新型储能市场机制和商业运营模式研究

新型储能市场机制和商业运营模式研究，主要是研究市场环境下新型储能运营优化和监测分析技术，提出多应用场景储能的商业模式识别与运营优化方法，研究完善新型储能质效评估体系与成本疏导机制。

4. 储能系统智慧运营及创新应用技术

基于能源与储能大数据中心，依托标准化运维管理和应急抢修体系，建立储能电站集中统一监控、状态实时监测体系；开展多元储能系统参与系统调节的各类辅助服务模型和关键技术研究，从中长期交易、辅助服务、现货市场等多方面开展"源网荷储"互动机制和市场机制研究；基于海量储能数据和业务汇集模式，构建长中短周期协同配置的开放、高效、智能的多元储能系统运营平台，探索多元储能全生命周期的运营政策，利用资源优势合理分摊储能成本，实现储能全产业链的可持续发展。

5. 新型储能运营优化和监测分析技术研究

新型储能运营优化和监测分析技术研究，主要是研究新能源场站配建储能运营优化方法模型及商业模式，建立面向电网的新能源场站配建储能运营优化模型，提出新能源配建储能全新运营商业模式；研究基于"源网荷"协同的用户侧储能运营分析技术及商业模式，搭建兼顾储能收益和多重系统价值发挥的用户侧储能协同运营策略；研究适应电网需求及提升利用率的独立储能运营优化及商业模式，提出面向电网应用的独立储能运营优化方法和商业模式；研究考虑多市场组合衔接的独立储能参与电力市场模式及交易规则，制定独立储能参与多类型市场组合模式、衔接机制和交易规则；研究基于多应用场景的新型储能运营监测分析技术。

5.3.2.3　储能电站并网仿真与运行

针对储能类型多样、分散布局、独立控制特点，以装机规模最大、社会关切度高的电化学储能为主要对象，兼顾其他类型储能，面向多类型储能协同互补特性和集群调节效应发挥不足的问题，研究储能优化调度、实时控制、信息接入以及储能电站稳定控制技术，促进多元新型储能高效利用。集中攻关规模化储能系统集群智能协同控制关键技术，开展分布式储能系统协同聚合研究，着力破解高比例新能源接入带来的电网控制难题。

（1）面向不同类型、不同拓扑、不同控制策略的电化学储能系统和电站，建立电磁、机电不同时间尺度实用化模型，为高比例新能源电力系统仿真运行计算提供依据；同时以多类型储能仿真模型开展适应性研究，为新型电力系统储能侧建设提供理论支撑。

多类型电化学储能并网特性实用化建模方法：面向多类型电化学储能并网特性实用化建模及校核方法缺失等问题，重点针对规模化应用的锂离子、液流等电化学储能系统，围绕功率控制、故障穿越和宽频阻抗等并网特性，考虑多类型电池直流端口特性，开展多类型电化学储能电池系统模型构建与仿真适用性、不同拓扑结构电化学储能系统电磁暂态模型、适用于大电网仿真分析的电化学储能电站机电暂态建模方法等技术研究。掌握锂离子电池、钠离子电池、液流电池等不同类型充放电特性、阻抗特性对储能系统并网特性的影响关系，构建适用于储能系统电磁、机电不同时间尺度并网特性仿真的多类型电池系统模型。

构网型储能运营优化仿真和全景评估技术：研究新能源场站配建构网型储能商业模式及运营量化分析技术；研究基于"源网荷"协同的用户侧构网型储能商业模式识别及系统效益分析模型；研究面向利用率提升和效益分享的独立储能商业模式辨识及运营优化技术；研究基于技术可行性和经济可持续性的构网型储能应用全景决策分析技术。提出基于构网型储能技术的源、网、荷三种储能形式的商业模式，开展储能运营模式对电网影响的量化分析，研发构网型储能应用全景决策分析系统，至少涵盖规划、调度、运营、交易等方面。

新型储能技术及系统适应性：开展钠离子电池、新型锂离子电池、铅炭电池、液流电池、热（冷）储能等多元储能系统的本体及并网适应性研究及实证；搭建多元储能同质化仿真模型，开展从储能单体、变流器、储能单元到储能电站的全范围性能评估，开展构网型储能测试、验证、评估及涉网特性技术研究，并进行构网型储能试点示范；开展适用于宽功率范围的大规模电解水制氢装置及优化运行技术研究，提出氢电耦合系统综合运行效率与性能测试的关键指标和测试方法以及支撑大规模新能源消纳的氢电耦合系统"源网荷"互动协调与运行控制策略，建设规模化氢电耦合示范系统；开展压缩空气储能关键设备研制和系统集成技术研究，试点建设新型回热式非补燃压缩空气储能发电系统，推进百兆瓦级压缩空气储能应用示范；依托多元储能系统性能测评数据建立适用于青海新型电力系统建设的多元储能本体及并网性能指标测评体系。

（2）针对多类型储能独立运行控制的特点，以多类型储能协同互补特性和集群调节效应为基础，研究多类型储能协同控制运行方法，促进多元新型储能高效利用。

多元储能资源动态聚合调控关键技术：研究多类型储能资源动态聚合调控关键技术，使得多类型储能电站之间及内部资源优势互补，提高多类型储能资源的调控效率和效果，保障电网运行安全性与经济性。

省域电网广域多元储能协同优化调控技术：针对多类新型储能运行特性差异大、适用的功能作用不同，调度模式和策略不明晰等问题，开展省域电网广域分布的多元储能调节能力评估技术、支撑省域电网新能源消纳的多元储能优化调度方法、计及断面安全约束和现货市场的多元储能实时协调控制技术等关键技术研究，构建广域多元储能协同优化调度运行体系，实现多元储能共同发展、协同运行。

应对高比例新能源系统暂态频率电压耦合特性的储能稳定控制技术：针对新能源装机比例快速提升导致灵活性调节资源日趋紧张、系统动态调节能力持续下降等问题，尤其对于新能源高占比的弱互联电网，主网支撑能力不足，叠加新能源在电网交直流故障后的弱抗扰特性，系统呈现频率电压耦合的复杂特性，开展新能源高占比弱互联电网的储能暂态支撑能力特性、应对弱互联电网频率电压耦合场景的储能电站紧急有功无功协调控制技术、考虑电网稳定控制需求的储能充放电预防控制技术等关键技术研究，提升电力系统暂态稳定性的储能电站紧急有功无功支撑能力。

5.3.2.4　构网型储能控制与运行

面向"沙戈荒"大基地等新能源高渗透场景，针对构网型/跟网型储能配置及控制技术缺乏、评价方法缺失、不同过载能力下低压构网型储能电站稳定控制策略缺乏等问题，从新型储能配置、优化控制及评价方法等角度展开研究，充分挖掘构网型储能集群对新能源和电网的支撑能力，提出计及不同过载能力的构网型储能电站稳定控制技术，支撑大规模新能源接入电网的安全稳定运行，进一步提升新能源基地稳定运行与高效消纳水平。

1. 构网型储能提升新能源送出能力关键技术

基于青海电网新能源受限实际，提炼出三类典型的青海电网新能源送出能力受限场景，包括近区直流闭锁后新能源过电压场景、远方直流闭锁后新能源低电压场景、长线路末端新能源送出能力不足场景，分析其根本原因为大规模新能源送出的局部电网缺少常规电源、电网电压支撑调节能力不足；针对影响青海电网新能源外送水平的三类典型场景，建立仿真模型，分析不同场景下新能源外送断面受限的关键制约因素，理论分析构网型储能对于缓解电网稳定问题的能力，仿真验证构网型储能在典型场景下对新能源外送能力的提升效果；针对支撑性储能的选址、定容及具体工程应用问题，研究构网型储能装备配置原则、接入方案，构网型储能配置依据经济性与安全性相结合的原则，充分利用新能源的经济性需求决定了对储能的需求，具体场景下的无功电压及频率支撑的安全性要求决定了构网的需求，两者分别可以用新能源弃电率和新能源场站短路比来衡量；研究构网型储能的控制保护技术，保证构网型设备现场运行的灵活性和可靠性。针对不同场景下主动支撑需要，研究构网型储能接入系统主要保护控制策略，从电网侧、装置侧分析保护控制需求，针对不同工况下构网型储能控制策略研究及其适应性分析；研究构网型储能本体及涉网保护技术；针对储能电池本体暂态能量均衡方面，研究构网型储能内部能量均衡控制技术。

2. 面向"沙戈荒"风光大基地构网型储能配置与运行控制技术

开展面向"沙戈荒"大基地稳定性提升的构网型/跟网型储能配置技术、电网大扰动下的构网型储能稳定控制技术、支撑"沙戈荒"大基地小扰动稳定的构网型储能及风光协同控制技术、"沙戈荒"风光大基地构网型储能多维质效评估与协同激励技术等研究，形成考虑消纳外送及稳定运行的构网型和跟网型储能优化配置方法和适应于电网大扰动下的多机构网型储能稳定控制方法，解决大型风光基地同步电源支撑能力不足、难以安全穿越及持续运行等问题，保障新能源高效送出和消纳。

3. 构网型储能主动支撑响应特性及同步协调控制策略

分析构网型储能多场景应用需求和模式，研究多场景下构网型储能主动支撑响应特性，研究电压主动支撑型储能电站电磁暂态模型构建方法，研究电压主动支撑型储能暂态频率/电压控制优化策略；基于下垂控制、虚拟同步发电机控制等控制方式，研究构网型储能同步电压协调控制策略。建立构网型储能电站电磁暂态模型，提出构网型储能暂态频率/电压控制优化策略以及同步电压协调控制策略。

5.3.2.5 储能安全防控与退役再利用

1. 储能安全防控方面

针对储能电池安全状态难以评测、热失控突发问题，研究适用于储能电池的安全状态参数检测、状态评估以及提前预警管控等核心技术。探究储能电池系统关键部件安全状态影响因素，确定关键特征参量的评估方法，研究储能电池系统典型安全特征参量的多维监测、感传一体、智能关联在线监测技术，实现对关键部件的绝缘性、电池内短路、内阻、气体压力、气体浓度、温度分布等多参量的高效率、高灵敏探测与解耦测量；建立储能电池系统关键部件全场景、全类型故障数据库，分析全寿命周期的故障特征，搭建储能电池系统力、电、化、热、气等多物理过程的全时域耦合模型，研究不同工况下多物理参数的耦合与多层级关联机制，揭示储能电池系统关键部件故障演化规律，实现各类故障的识别和推演；建立不同工况下储能电池系统安全失效模式数据库，探究关键部件故障与系统失效的联动机制，搭建储能电池系统安全失效模型，分析安全失效的全过程演化规律与机理，结合储能电池系统在线监测数据与安全失效模型，开发系统安全特性评价体系，构建高精度数字孪生模型；基于储能电池系统的力、热、气耦合关系，确定多参数耦合下的多级安全阈值，研究服役状态和极端工况下储能电池系统的产热与热失控触发温度的评测方法，提高热评测准确度，发展高效热管理技术，研究系统多级安全预警技术，建立在线监测与预警系统；研究基于云端与边缘计算的储能电站系统安全状态快速计算算法，实现全数据采集、分布式存储与智能化分析，开发大型储能电站软硬件的布置方案，构建实时监测与安全状态快速计算的智能运维储能系统，探索大型储能电站主动安全防控技术。

2. 储能消防联动方面

通过分析和研究发现储能电站火灾的特殊性，单一的消防系统无法有效预防和控制火灾，需要具备多功能的多级消防系统联合起来发挥作用。特别是针对电化学储能电站，需结合高效热管理、火灾报警、全淹没式与局部应用灭火系统、灾后防复燃系统为一体，实现储能电站在运行过程中的安全预警、火灾报警及灭火的全过程联动控制。一方面，消防系统将针对储能电站潜在的火灾隐患特征参量进行实时在线监测，并利用数据融合技术进行综合分析诊断，实现火灾隐患预警，根据预警等级联动火灾报警系统与消防装置，实现火灾早期预警以及后期火灾报警的全过程防控。具体实施时，将主动探测技术、特征气体探测技术及数据融合分析算法相结合，实现整个储能预制舱内运行安全隐患的早期预警。另一方面，系统除具备整个预制舱级的全淹没灭火能力以外，还可将预警、报警策略与 BMS 提供的温度、电压等监测量结合，实现电池包级的精准防护。当系统感知到热失控风险并满足灭火条件时，能自动释放全氟己酮至相应电池包完成精准灭火，并具备重复处置的能力，有效防止电池复燃。

系统从早期预警、分级告警到灭火处置，实现锂离子电池储能电站安全风险的全过程防护。除针对储能电站进行全过程防护外，还可借助消防无人机，进行火灾数据测量或拍摄，并实施灭火过程。

3. 储能电池退役再利用方面

退役电池主要有两个去向：一是梯次利用，如用于储能系统、移动电源、通信基站备份电源等；二是循环再生利用，即将电池拆解，对原料和金属提炼后再次使用。储能电池退役后可以通过分析电池健康度选择进行梯次利用或者循环再生利用，当电池容量衰减小于 20% 时可以满足汽车使用；衰减在 20%～40% 时可以满足梯次利用；衰减在 40% 以上时必须进行再生处理。退役电池梯次利用流程如图 5-17 所示，电池循环再生利用生态链如图 5-18 所示。

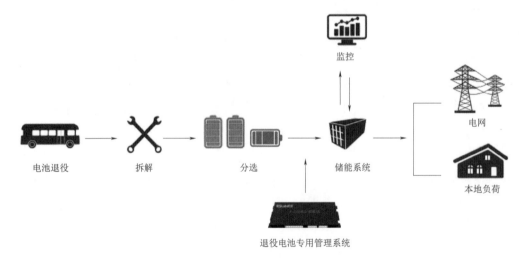

图 5-17　退役电池梯次利用流程

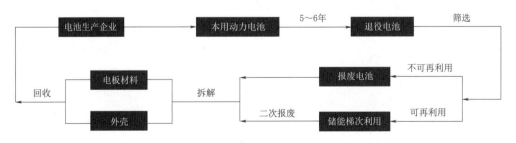

图 5-18　电池循环再生利用生态链

5.4 储能规模化应用实践

5.4.1 储能容量配置技术

储能对于提升电力系统稳定性具有重要作用，合理配置储能容量对于电力系统安全、经济、绿色发展具有重要作用。由于新能源出力的波动性，传统优化方法如鲁棒优化计算结果过于保守，随机优化依赖合理的场景分布。本节以高比例新能源系统的青海电网为例，介绍其采用分布鲁棒优化研究的集中式储能电站的容量规划方法，为储能配置提供理论支撑与决策参考。

5.4.1.1 储能接入对系统暂态稳定影响分析

在电力系统中接入电池储能系统常通过电压源换流器（Voltage Source Converter，VSC），其架构如图 5-19 所示。

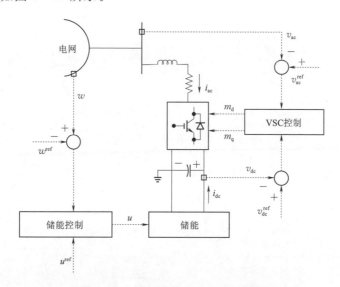

图 5-19 储能接入电力系统的架构

储能连接 VSC 直流侧，VSC 交流侧连接电网，其中储能系统可以是电池储能等。VSC 架构如图 5-20 所示。

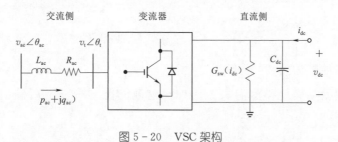

图 5-20 VSC 架构

模型方程为

$$R_{ac}i_{ac,d} + L_{ac}\frac{\mathrm{d}i_{ac,d}}{\mathrm{d}t} = \omega_{ac}L_{ac}i_{ac,q} + v_{ac,d} - v_{t,d}$$

$$R_{ac}i_{ac,q} + L_{ac}\frac{\mathrm{d}i_{ac,q}}{\mathrm{d}t} = -\omega_{ac}L_{ac}i_{ac,d} + v_{ac,q} - v_{t,q} \qquad (5-1)$$

式中 $R_{ac} + jL_{ac}$ ——变流器的总阻抗；

ω_{ac} ——电网电压 $\overline{v}_{ac}$ 的频率。

VSC 控制器包含内层电流控制器和外层电压控制器，其框图如图 5-21、图 5-22 所示。

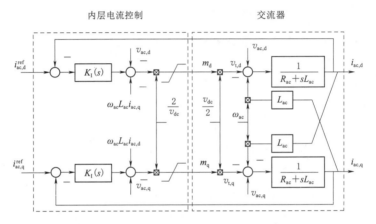

图 5-21　VSC 内层电流控制器框图

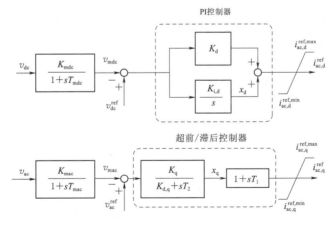

图 5-22　VSC 外层电压控制器框图

储能控制器框图如图 5-23 所示。

储能内部模型与储能类型有关。例如，电池储能的一种常用模型为 Shepherd 模型，其方程为

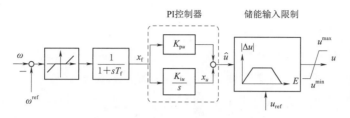

图 5-23　储能控制器框图

$$Q_e = \frac{i_b}{3600}$$

$$i_m = \frac{i_b - i_m}{T_m}$$

$$0 = v_{oc} - v_p(Q_e, i_m) + v_e e^{-\beta_e Q_e} - R_i i_b - v_b \qquad (5-2)$$

式中　i_b——电池电流；

　　　T_m——低通滤波器的时间常数；

　　　v_{oc}——开路电压；

　　　R_i——电池内电阻；

　　　v_b——电池电压。

对于含储能和新能源的电力系统，可以应用稳定性分析方法，即使用端口能量的概念构造系统能量函数，然后利用暂态能量函数法，通过比较故障清楚时刻系统暂态能量和临界能量，评定系统的暂态稳定性。对储能采用端口能量，即

$$W_1 = \int_{x_s}^{x} \left(P_1 d\theta_1 + \frac{Q_1}{V_1} dV_1 \right) \qquad (5-3)$$

针对含高比例新能源发电的电力系统，从系统模型、光伏发电模型、风电模型三个方面，构造适用于稳定分析的系统数学模型。多机系统示意如图 5-24 所示，网络连接同步发电机、负荷、风电和光伏发电，组成电力系统。

结合电力系统数学模型和储能端口能量，得到系统的能量函数。然后采用梯形积分路径近似求解端口能量，采用迭代的势能边界面法求解临界能量，计算系统稳定裕度指标。

5.4.1.2　集中式储能电站容量规划策略

目前新能源产业还处于快速发展的阶段，针对一个给定的风电场或光伏电站和相应的电网联络线，应分析如何配置储能装置的容量才

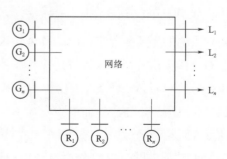

图 5-24　多机系统示意图

能以最少的投资成本充分利用资源。从经济性角度，应以储能投资最小、经济效益最大化为目标建立储能规划模型，才能得到储能的功率和容量参数。本小节基于 MAT-

LAB 平台下的风电输出功率特性函数和风速概率分布函数，提出一种保障大型并网风电场稳定输出的储能配置方法，可有效降低风电波动性对系统频率造成的影响。利用离散傅里叶变化对可再生能源出力进行频谱分析，并考虑储能装置的充放电效率和可再生能源出力波动率的约束，确定储能设备的最小容量。基于区域风电场群模型，考虑风功率出力波动的季节性差异，构建参与电网调峰调频的电池储能电站规划模型。以最小切负荷量为系统安全运行的评估指标，采用鲁棒优化模型分析风电场所需的储能位置和容量，以满足期望的系统安全运行风险。采用场景树的方式描述风电出力的不确定性，采用两阶段随机规划方法建立储能装置的位置和容量规划模型，最后利用 Benders 分解算法得到最优的储能配置方案。基于主动配电网的随机最优潮流模型，以经济性最优为目标研究电池储能装置的位置、容量和功率配置问题，从而有效减少配电网中风电波动性带来的不利影响。

在上述考虑新能源发电的储能规划研究中，大多数研究采用了随机规划或鲁棒优化的方法处理新能源发电的不确定性，以建立相应的规划模型。随机规划方法需要事先假定不确定因素（诸如新能源发电出力）服从某一概率分布，但实际操作中往往由于缺乏足够的历史数据，经验分布并不准确。此外，即使根据历史数据估计出某一参考分布，当实际情况中真实分布相对参考分布出现偏离时，随机规划结果的最优性往往会大打折扣。鲁棒优化则忽略了不确定因素的历史数据中的分布统计信息，仅仅考虑最坏情况下的优化结果，而实际中最坏场景发生的概率往往很低，从而导致鲁棒优化的结果趋于保守。为了解决上述问题，分布鲁棒优化方法成为近年来的研究热点。这一方法考虑与经验分布距离接近的一族概率分布函数，与传统随机规划和鲁棒优化方法相比具有明显的优势。与随机规划相比，分布鲁棒优化不需要精确的概率分布函数，因而结果在统计意义下鲁棒性更强；与鲁棒优化相比，分布鲁棒优化考虑了不确定性的分布特性，因此不会投入大量资源应对发生概率极低的极端场景，从而导致结果的保守性较小。

基于上述分析，采用分布鲁棒优化方法研究新能源储能装置容量优化配置方案，以降低系统的年新能源弃电率。具体技术包括分布函数集合的构建、储能容量优化配置的分布鲁棒优化模型和求解方法。首先根据历史数据构造新能源发电出力的经验分布，以 Kullback – Leibler（KL）散度作为分布函数距离测度建立新能源发电出力的概率分布函数集合。随后，建立以储能投资成本最小为目标，以年新能源弃电率为约束的鲁棒机会约束规划模型。最后，通过矫正机会约束中的风险阈值将鲁棒机会约束转化为传统机会约束，并借助凸近似和抽样平均构建线性规划进行高效求解。

1. 基于分布鲁棒理论的储能容量规划建模

（1）直流潮流模型。由于储能装置主要对有功进行调控，故采用直流潮流对网络进行建模，即

$$P_{i,\mathrm{t}} = \sum_{j \in S_i} P_{ij,\mathrm{t}} \qquad (5-4)$$

$$P_{ij,\mathrm{t}} = (\theta_{i,\mathrm{t}} - \theta_{j,\mathrm{t}})/x_{ij} \qquad (5-5)$$

式中　$P_{i,\mathrm{t}}$——节点 i 的注入有功功率之和（机组出力减去负荷）；

　　　$P_{ij,\mathrm{t}}$——线路 (i, j) 的有功潮流；

　　　$\theta_{i,\mathrm{t}}$——节点 i 的电压相角；

　　　x_{ij}——线路 (i, j) 的电抗值。

（2）储能模型。储能装置在电网中发挥削峰填谷的作用，当新能源发电出力过剩时，储能装置充电；当系统新能源发电出力不足时，储能装置放电。储能装置充放电过程的数学模型为

$$
\begin{aligned}
W_{i,t+1}^E &= W_{i,t}^E + \eta_{i,c}^E p_{i,t}^c - p_{i,t}^d / \eta_{i,d}^E - W_{i,t}^E \mu_i^E \\
P_c^{\min} &\leqslant p_{i,t}^c \leqslant P_c^{\max} \\
P_d^{\min} &\leqslant p_{i,t}^d \leqslant P_d^{\max} \\
W_{i,E}^{\min} &\leqslant W_{i,t}^E \leqslant W_{i,E}^{\max}
\end{aligned}
\qquad (5-6)
$$

式中　$W_{i,t}^E$——储能装置在时刻 t 的储能量；

　　　μ_i^E——储能装置的损失率；

$p_{i,t}^c$，$p_{i,t}^d$——储能装置的充电和放电功率；

$\eta_{i,c}^E$，$\eta_{i,d}^E$——储能装置充电和放电效率；

$P_c^{\min}$，$P_c^{\max}$——储能装置的最小和最大充电功率；

$P_d^{\min}$，$P_d^{\max}$——储能装置的最小和最大放电功率；

$W_{i,E}^{\min}$，$W_{i,E}^{\max}$——储能装置的最小和最大储能量。

（3）确定性储能容量规划模型。考虑储能装置的规划问题，网络架构、传统火电机组容量位置和新能源容量位置均为给定值。

在系统中无储能装置时，由于系统中只含有传统火电机组和新能源发电机组，调节能力不足，造成了大量新能源弃电。为了降低新能源弃电率，采用在新能源节点配置储能装置的手段，依靠储能装置削峰填谷的能力以提升系统灵活性，减少新能源弃电率。因此，在不考虑新能源发电不确定性情况下的储能规划模型，目标函数旨在最小化投资成本，数学模型为

$$
\begin{aligned}
\min \quad & \sum_i I^E C_i^E \\
\mathrm{s.\,t.} \quad & \mathrm{Cons-PF} \\
& \mathrm{Cons-EES} \\
& \mathrm{Cons-BD} \\
& \mathrm{Cons-Stability} \\
& D_{\mathrm{curt}} \leqslant R_{\mathrm{curt}}
\end{aligned}
\qquad (5-7)
$$

式中 I^E——储能装置单位投资造价；

       C_i^E——节点 i 储能装置的容量；

   Cons – PF——电网潮流方程；

  Cons – EES——储能装置充放电约束；

   Cons – BD——潮流变量上下界约束；

Cons – Stability——稳定指标约束；

  $D_{curt} \leqslant R_{curt}$——实际新能源弃电率必须小于给定阈值 R_{curt}。

实际新能源弃电率 D_{curt} 定义如下：从春、夏、秋、冬四个季节中各取一个典型日，调度时间间隔为 1h，以这 96 个点代表全年的新能源发电出力情况，则 D_{curt} 可表述为

$$D_{curt} = \frac{\sum\limits_t \sum\limits_i (P_{i,t}^{w,max} - p_{i,t}^{w})}{\sum\limits_t \sum\limits_i P_{i,t}^{w,max}} \tag{5-8}$$

式中 $P_{i,t}^{w,max}$——t 时刻新能源 i 的最大可发电量；

    $p_{i,t}^{w}$——t 时刻新能源 i 的实际发电量。

在不考虑新能源发电不确定性的情况下，新能源储能规划模型是一个线性规划模型，可以高效求解。然而，新能源发电出力具有随机性和波动性，在系统规划这种长期优化决策问题中如果忽略不确定性的影响，可能会导致最终的结果无法满足实际系统对新能源弃电率的要求。因此，采用了基于 KL 散度的分布鲁棒优化方法处理新能源发电的不确定性。

（4）不确定集合建模。

1）生成参考分布 P_0。目前最常用的生成参考分布的方法是利用历史数据进行估计。例如，假设有 M 个抽样可以分类到 N 个区间中，则在每个区间中有 M_1，M_2，$\cdots$，M_N 个抽样。每个区间中代表样本是区间中样本的期望值，对应的概率是 $\pi_1 = M_i/M (i=1, \cdots, N)$，则参考分布 P_0 为 $\{\pi_1, \cdots, \pi_N\}$。此外，也可以假设不确定因素符合某一特定分布，如高斯分布等，从而利用参数估计的方法确定分布函数。

2）建立不确定集合。首先，采用 KL 散度描述两个分布函数之间的距离，距离越小，表明两个分布越相似。对于连续型的分布其定义如下：

$$D_{KL}(P \parallel P_0) = \int_\Omega f(\xi) \lg \frac{f(\xi)}{f_0(\xi)} d\xi \tag{5-9}$$

对于离散型的分布其定义如下：

$$D_{KL}(P \parallel P_0) = \sum_n \pi_n \lg \frac{\pi_n}{\pi_n^0} \tag{5-10}$$

基于 KL 散度的描述，考虑了与参考分布 P_0 的 KL 距离不超过 d_{KL} 的所有分布函数，从而构建如下的不确定集合（集合中的元素为分布函数）：

$$W = \{P \mid D_{KL}(P \parallel P_0) \leqslant d_{KL}\} \tag{5-11}$$

当 $d_{KL} > 0$ 时，不确定集合 W 中含有无穷多个分布函数；随着 d_{KL} 趋近于 0，W 变成单元素 P_0，后续描述的分布鲁棒规划模型也转变为一个传统的随机规划模型。

3）选择集合距离 d_{KL}。在实际决策中，决策制定者需要根据风险偏好决定 d_{KL} 的大小。显然，历史数据越多，则估计出来的参考分布与真实分布越近，可以设定更小的 d_{KL} 值。d_{KL} 可以采用如下的选取方法：

$$d_{KL} = \frac{1}{2M} \chi^2_{N-1, \alpha^*} \tag{5-12}$$

式中　χ^2_{N-1, α^*}——$N-1$ 自由度的卡方分布 α^* 上分位数，保证了真实分布以不小于
　　　　　　　α^* 的概率包含在集合 W 中。

（5）分布鲁棒规划模型。在前述的确定性规划模型和不确定集合建模基础上，所提的分布鲁棒规划模型可以写成如下的形式：

$$
\begin{aligned}
\min \quad & \sum_i I^E C_i^E \\
\text{s.t.} \quad & \text{Cons} - \text{PF} \\
& \text{Cons} - \text{EES} \\
& \text{Cons} - \text{BD} \\
& \text{Cons} - \text{Stability} \\
& \inf_{P \in W} \Pr\{D_{curt}(\boldsymbol{\xi}) \leqslant R_{curt}\} \geqslant 1 - \alpha
\end{aligned} \tag{5-13}
$$

式中　$\inf\limits_{P \in W} \Pr\{D_{curt}(\boldsymbol{\xi}) \leqslant R_{curt}\} \geqslant 1 - \alpha$——鲁棒机会约束，描述了系统即使在 W 最坏分
　　　　　　　　　　　　　布情况下，新能源弃电率小于给定值 R_{curt} 仍
　　　　　　　　　　　　　大于 $1 - \alpha$；
　　　　　$D_{curt}(\boldsymbol{\xi})$——对应于前述的实际新能源弃电率 D_{curt}；
　　　　　　　$\boldsymbol{\xi}$——新能源发电出力等不确定因素。

此外，对比分析了随机规划模型和鲁棒优化模型。其中，随机规划模型仅仅考虑参考分布下新能源弃电率要求的满足，其表达式如下：

$$
\begin{aligned}
\min \quad & \sum_i I^E C_i^E \\
\text{s.t.} \quad & \text{Cons} - \text{PF} \\
& \text{Cons} - \text{EES} \\
& \text{Cons} - \text{BD} \\
& \text{Cons} - \text{Stability} \\
& \Pr_0\{D_{curt}(\boldsymbol{\xi}) \leqslant R_{curt}\} \geqslant 1 - \alpha
\end{aligned} \tag{5-14}
$$

鲁棒优化模型则考虑所有情况下都必须满足新能源弃电率要求，其表达式如下：

$$\min \quad \sum_i I^E C_i^E$$

$$\text{s. t.} \quad \text{Cons - PF}$$
$$\text{Cons - EES}$$
$$\text{Cons - BD} \tag{5-15}$$
$$\text{Cons - Stability}$$
$$\max_{\xi}\{D_{\text{curt}}(\xi)\} \leqslant R_{\text{curt}}$$

2. 储能容量规划模型的转换与求解

在分布鲁棒规划模型中，最主要的难点在于鲁棒机会约束的处理，因为鲁棒机会约束在一个含有无穷个分布函数的不确定集合中进行概率估计。然而，当采用 KL 散度描述不确定集合时，则可证明该鲁棒机会约束等价于如下的传统机会约束：

$$Pr_0\{(D_{\text{curt}} - R_{\text{curt}}) \leqslant 0\} \geqslant 1 - \alpha_+ \tag{5-16}$$

其中

$$\alpha_+ = \max\left\{0, 1 - \inf_{z \in (0,1)}\left(\frac{\mathrm{e}^{-d_{KL}}z^{1-\alpha} - 1}{z - 1}\right)\right\} \tag{5-17}$$

式中 Pr_0——参考分布 P_0 下的概率描述；

$(\mathrm{e}^{-d_{KL}}z^{1-\alpha} - 1)/(z-1)$ ——单变量表达式，对（0，1）区间上的 z 是凸函数，其最小值可通过传统的黄金分割搜索计算得出。

若鲁棒机会约束被满足，则在参考分布下的新能源弃电率达标的概率估计 α_+ 一定大于 $1-\alpha$。然而，机会约束仍然是一个非凸的约束，难以求解。因此，寻找一个保守的凸近似的方法进行求解。式（5-16）等价于如下的表达式：

$$E_{P_0}[I_+(D_{\text{curt}} - R_{\text{curt}})] = Pr\{(D_{\text{curt}} - R_{\text{curt}}) > 0\} \leqslant \alpha_+ \tag{5-18}$$

其中

$$I_+(x) = \begin{cases} 1, & x > 0 \\ 0, & \text{其他} \end{cases} \tag{5-19}$$

式中 $E_{P_0}(\cdot)$ ——参考分布下的期望函数。

接下来，引入一个凸函数 $\psi(x)$ 对 $I_+(x)$ 进行凸近似，则下述表达式成立：

$$E_{P_0}[I_+(D_{\text{curt}} - R_{\text{curt}})] \leqslant E_{P_0}[\psi(D_{\text{curt}} - R_{\text{curt}})] \leqslant \alpha_+$$

其中，$\psi(x)$ 的定义如下：

$$\psi(x) = \max\{0, x/\beta + 1\} \tag{5-20}$$

其中，$\beta > 0$ 是一个常数。此外，β 也作为待优化参数出现在最后的优化模型中，以提供更好的凸近似结果。

最后，采用抽样平均的方法，取 k 个典型样本 ξ^1，ξ^2，$\cdots$，ξ^k，对应概率分别是 π_1，π_2，$\cdots$，π_k，则 $E_{P_0}[\psi(D_{\text{curt}} - R_{\text{curt}})] \leqslant \alpha_+$ 变为如下的线性形式：

$$D_{\text{curt}}(\xi^k) - R_{\text{curt}} + \beta \leqslant \phi_k, \phi_k \geqslant 0, \forall k$$
$$\sum_k \pi_k \phi_k \leqslant \beta\alpha_+, \beta > 0 \tag{5-21}$$

式中　ϕ_k——辅助变量。

在上述转换之后，原始的分布鲁棒规划模型转换为下述的线性形式：

$$\min \quad \sum_i I^E C_i^E$$

$$\begin{aligned}
\text{s. t.} \quad & \text{Cons} - \text{PF} \\
& \text{Cons} - \text{EES} \\
& \text{Cons} - \text{BD} \\
& \text{Cons} - \text{Stability} \\
& D_{\text{curt}}(\xi^k) - R_{\text{curt}} + \beta \leqslant \phi_k, \forall k \\
& \sum_k \pi_k \phi_k \leqslant \beta \alpha_+, \beta > 0 \\
& \beta > 0, \phi_k \geqslant 0, \forall k
\end{aligned}$$

(5 - 22)

模型的目标函数和约束均为线性，利用成熟的商业软件即可高效求解。

利用同样的方法可将随机规划模型转化为如下的线性形式：

$$\min \quad \sum_i I^E C_i^E$$

$$\begin{aligned}
\text{s. t.} \quad & \text{Cons} - \text{PF} \\
& \text{Cons} - \text{EES} \\
& \text{Cons} - \text{BD} \\
& \text{Cons} - \text{Stability} \\
& D_{\text{curt}}(\xi^k) - R_{\text{curt}} + \beta \leqslant \phi_k, \phi_k \geqslant 0, \forall k \\
& \sum_k \pi_k \phi_k \leqslant \beta \alpha, \beta > 0
\end{aligned}$$

(5 - 23)

鲁棒优化模型则可以写成如下形式：

$$\min \quad \sum_i I^E C_i^E$$

$$\begin{aligned}
\text{s. t.} \quad & \text{Cons} - \text{PF} \\
& \text{Cons} - \text{EES} \\
& \text{Cons} - \text{BD} \\
& \text{Cons} - \text{Stability} \\
& D_{\text{curt}}(\xi^k) - R_{\text{curt}} \leqslant 0, \forall k
\end{aligned}$$

(5 - 24)

3. 算例分析

以青海电网为例进行算例分析，储能装置的参数见表 5 - 3。

表 5 - 3 　　　　　　　　　储 能 装 置 参 数

储能装置	参　　数	投资成本/[万元/(MW·h)]
ESU	$\eta_c^E = 0.90$，$\eta_d^E = 0.90$，$\mu^E = 0.01$	150

考虑的不确定因素为新能源发电出力，从四种典型日（春、夏、秋、冬）产生。同时，不考虑负荷的不确定性并假定负荷为精确值，不同季节下电负荷和新能源发电出力如图 5-25 所示。

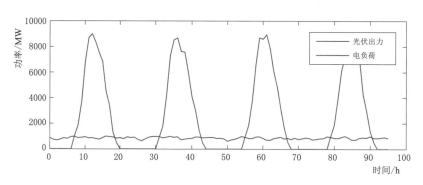

图 5-25　不同季节下电负荷和新能源发电出力

假设新能源发电出力相对参考值的误差服从正态分布，其均值为 0。对于新能源发电出力，假定其误差的标准差为参考值的 20%。利用蒙特卡洛方法产生了 5000 个场景，并采用场景削减方法削减到 100 个场景。根据式（5-7），在置信水平 $\alpha^* = 0.95$ 的情况下选择 $d_{KL} = 0.0124$。在鲁棒机会约束中，供能可靠性指标设为 95%，可计算出 $\alpha_+ = 0.0229$。同时，定义新能源弃电率指标要求为全年新能源弃电率应小于 5%。

将所提的分布鲁棒模型和传统的随机规划、鲁棒规划进行对比，规划的结果见表 5-4。从最优值来看，分布鲁棒模型比随机规划更加保守，但相比鲁棒规划，分布鲁棒模型的保守性则大大降低。造成上述差异的原因在于：随机规划仅仅考虑参考分布下的情况而忽略了不确定因素，而鲁棒规划则完全没有利用分布信息而只考虑了最坏情况，从而导致了非常保守的结果。此外，与随机规划相比，分布鲁棒模型考虑了分布的不确定性从而获得了更加鲁棒的结果，而仅仅付出了 2.89% 的额外成本。

表 5-4　　　　　　　　　　　　　　储 能 装 置 规 划 结 果

模型	分布鲁棒模型	随机规划	鲁棒规划
海南州/[MW/（MW·h）]	12790/2842	12430/2762	13450/2989
海西州/[MW/（MW·h）]	8060/1791	7820/1737	8480/1884
弃电率/%	4.2	5.3	3.1
稳定指标提升/%	29.7	28.8	31.2

随机规划和鲁棒优化方法相比具有显著的优势。与随机规划相比，所提方法无需精确的参考分布，因而在处理现实中的不确定因素波动时更加鲁棒；与鲁棒优化相比，所提模型考虑最坏分布而非最坏场景，因而结果的保守性显著降低。此外，所提的模型最终转换为一个线性规划问题，具有较高的求解效率。基于青海电网的算例分

析证明了所提模型的有效性，同时也表明随着新能源发电入水平的不断提高，储能装置将在电力系统运行中发挥更加重要的作用。

根据储能需求的方法，对于海南州电网需要接入 900MW 的储能设施。而根据系统的分布鲁棒模型规划结果，系统的储能接入需要按照 1791MW 来进行接入，在进行暂态仿真后，系统的稳定指标对比未接入储能之前提高了 30%，验证了该储能方式的有效性。

5.4.2　大规模电网侧共享储能

为了解决电网目前调峰能力缺乏、安全支撑不足等困难，进一步降低新能源限电率，释放电网更多的消纳空间，提出"电网侧示范引导、电源侧主体发展、用户侧协同推进"大规模储能协同聚合效应应用路线，首创"共享储能"理念，将电源侧储能、用户侧储能和电网侧储能资源进行全网优化配置，既可为电源和用户提供服务，也可以灵活调整运营模式实现全网共享储能。

共享储能商业运营模式主要包括市场化交易和电网直接调用两种。市场化交易主要指与新能源场站开展交易，新能源和储能通过双边协商及市场竞价形式，达成包含交易时段、交易电力、电量及交易价格等内容的交易意向。电网直接调用是指参与电网侧调峰，当市场化交易未达成且条件允许时，电网按照约定的价格直接对储能进行调用，在电网有接纳空间时释放，以增发新能源电量。为支撑共享储能常规化运营，构建共享储能交易、智能发电控制系统及区块链三大支撑平台，可确保交易安全、精准执行，实现全网资源优化配置以促进新能源消纳。根据青海电力系统的调峰需求，优先应用共享储能进行调峰，调峰暂按照 0.7 元/(kW·h) 按月由电网公司负责结算。

大规模电网侧共享储能形式如图 5-26 所示。

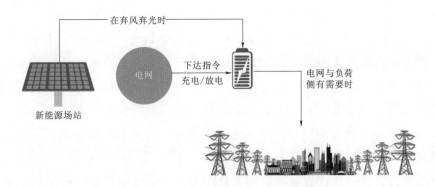

图 5-26　大规模电网侧共享储能形式

1. 市场化交易

（1）长协限电电量增发收益。共享储能电站优先用于在限电时段存入新能源电站的弃风、弃光电量，在非限电时段放出，实现新能源电站上网电量增发。在共享储能电站充电期间，储能电站投资方充入的每度电以折扣后的新能源上网电价（例如标杆电价的 95%）获得收益，新能源电站业主获得新能源上网电价中其余部分（例如标杆电价的 5%）的收益。在共享储能电站放电期间，储能电站不向电网公司收取电费，电网公司负责电量消纳的调配，确保储能电站电量充分放出。电网侧负责针对储能投资方和新能源发电业主进行收益结算工作。

（2）短期限电电量增发收益。以青海为例，依据西北能源局辅助服务市场的规定，根据青海电力交易中心的共享储能交易平台进行撮合交易，当共享储能电站存在剩余容量而同时有非长协的新能源电站有弃风弃光需求时，在双方价格达成一致后，启动短期限电电量存储到共享储能电站的行为，按照达成共识的价格，获得收益。

2. 电网直接调用

当市场化交易未达成且条件允许时，电网直接对储能进行调用，在电网有接纳空间时释放，以增发新能源电量，如按 0.7 元/(kW·h) 支付储能，该费用由新能源分摊。共享储能电站与青海电网公司直接交易，参与电网侧辅助服务，提升电网调峰能力，其运行控制状态由电网调度部门决定。当电网需要调峰资源时，调度机构按照电网调用储能调峰价格 [例如 0.7 元/(kW·h)] 调用储能设施参与电网调峰。在共享储能电站的充电期间，电网公司不向其收取充电电费。

5.4.3 "四统一"大规模电化学储能

为缓解新能源消纳带来的问题，青海省出台了新能源项目按比例强制配置储能的要求，但储能由新能源企业随同项目本体自行安排建设，仍然存在一些问题。一是缺乏统筹优化布局，无法实现储能调节作用、利用效率最大化；二是发电企业配套建设储能积极性不高，储能设施建设滞后于新能源电站；三是建设主体多元化，建设水平参差不齐，标准不统一，质量难以管控；四是运营模式尚不成熟，存在"建而不用"的风险。

为解决上述问题，青海省深入贯彻习近平总书记"使青海成为国家重要的新型能源产业基地"和"打造国家清洁能源产业高地"重要指示精神，推进大规模储能产业健康可持续发展，打造青海新型电力系统示范区新名片；落实青海省"一优两高"战略，充分发挥青海清洁能源资源富集优势，加快建设国家清洁能源示范省，构建国家储能发展先行示范区，为国家能源绿色低碳转型贡献青海力量；服务经济社会发展，有效带动以锂为主的盐湖产业、新能源装备产业发展，促进青海绿色低碳产业结构转型，助力"四地"目标实现；支撑新型电力系统构建，推进"源网荷储"高效互动，着力打造青海柔性送端新型电力系统示范区；服务于高地建设、服务于青海新能源的发展、服务于经济社会发展、服务于实体产业发展。提出了"统一规划、统一建设、统一调度、统一运营"的大规模储能建设运营模式和发展思路。

（1）统一规划。结合系统整体需求统一优化布局电化学储能设施，合理确定储能发展规模、项目布局、建设时序和技术类型，减少建设需求、提升建设成效。综合各类因素进行全系统优化，海西地区需布局420万kW，海南地区需布局230万kW，海北地区需布局40万kW，黄南地区需布局10万kW，第二条特高压直流配套200万kW需结合最终网架方案进一步优化布局。

（2）统一建设。由新能源企业出资委托省电力公司代建。统一设计建设标准，严格按照国家及行业技术标准，因地制宜规范青海省电化学储能电站设计、建设标准，构建统一规范的智慧安全防控体系；构建专业化建设管理体系，纳入成熟规范的电力系统标准化建设管理体系，提高建设质量，集中统一建设公共设施，降低项目成本；实现物资集约化供应，依托现代智慧供应链平台，构建物资集约化供应体系，提供安全可靠、坚固耐用的设备，并通过集中批量采购降低成本。

（3）统一调度。进行全局策略优化，基于区块链实现供需关联互动和"发、储、配、用"精准调配，实施精准的充放电控制。优化储能充放时序，统一调配全网调峰资源，从全局最优角度出发，实现储能的有序充放，提升电力系统资源利用效率。构建现代化辅助服务体系，完善储能参与调峰市场规则，积极探索储能参与调压、调频辅助服务。规范储能接入标准，确保储能并网及接入后的电能质量、功率控制、电网适应性等技术要求落实到位，充分发挥储能效用。

（4）统一运营。按照"谁提供，谁获利；谁受益，谁承担"的原则，依托标准化运维管理体系和应急抢修体系，提高设备运行质量，降低事故风险；依托绿能大数据中心，集中统一监控，状态实时监测，最大程度提升储能电站运行效率；打破独立储能电站各自为战、良莠不齐的低效运维方式，统一备品备件，降低运维成本。同时，可依托青海全省电力市场，通过"市场化交易＋容量费用分摊"的方式疏导储能成本，实现可持续发展。

5.4.4 独立共享储能发展

独立储能指的是独立储能电站，其独立性体现在可以独立主体身份直接与电力调度机构签订并网调度协议，不受位置限制。独立共享储能收益模式大致可分为共享租赁、现货套利、辅助服务、容量电价四种。"共享储能"系统拓扑如图5-27所示。

1. 共享租赁

共享租赁是由第三方或厂商负责投资、运维，并作为出租方将储能系统的功率和容量以商品形式租赁给目标用户的一种商业运营模式，秉承"谁受益、谁付费"的原则向承租方收取租金。共享租赁形式如图5-28所示。

用户可以在服务时限内享有储能充放电权力来满足自身供能需求，无需自主建设储能电站。共享租赁使新能源业主免于一次性资本开支，大幅降低原始资金投入，充

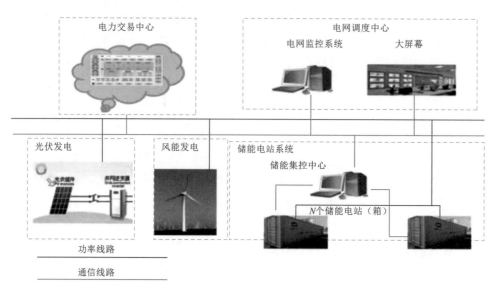

图 5-27 "共享储能"系统拓扑图

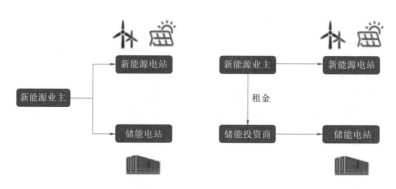

图 5-28 共享租赁形式

分考虑储能建设的成本和合理收益。容量租赁费用国内一般在 250～350 元/(kW·a)，一座 100MW 的共享储能电站，容量租赁费用可达 2500 万～3500 万元/a。

2. 现货套利

国家发展改革委办公厅、国家能源局综合司《关于进一步推动新型储能参与电力市场和调度运用的通知》（发改办运行〔2022〕475 号）同时明确指出：独立储能电站向电网送电的，其相应充电电量不承担输配电价和政府性基金及附加，约减少储能电站度电成本 0.1～0.2 元/(kW·h)。政策提高储能电站经济性，推动国内储能行业快速发展。

山东是第一个独立储能进入电力现货市场的省份。根据《山东省电力现货市场交易规则（试行）》，独立储能电站可以自主选择参与调频市场或者电能量市场。在电能量市场中，储能电站"报量不报价"，在满足电网安全稳定运行和新能源消纳的条件下优先出清。在调频市场，储能电站须与发电机组同台竞价。

山东电力现货市场峰谷价差大，为独立储能电站创造了更大盈利空间。以 2022 年 4 月结算试运行工作日报数据为例，山东实时电力现货市场平均价差为 932.15 元/(MW·h)，其中最高价差为 1380 元/(MW·h)，最低价差为 4 月 4 日的 439.93 元/(MW·h)。高价差的现象为储能创造了更大收益空间。

以最低价差的 2022 年 4 月 4 日为例，最高电价出现在 6：00、18：00、24：00 的三个时间点附近，而光伏出力高峰的 9：00—15：00 之间，大约维持在 −80 元/(MW·h)。这意味着 4 月最低价差的 4 月 4 日，独立储能电站在光伏出力高峰（9：00—15：00）储存电力，在 17：00—19：00 之间释放电力，可以获得超 300 元/(MW·h) 的收益。

3. 辅助服务

2021 年 8 月，国家能源局正式印发新版《并网主体并网运行管理规定》和《电力系统辅助服务管理办法》（简称新版"两个细则"），正式承认了新型储能（包括电化学、压缩空气、飞轮、液流等）拥有独立的并网主体地位，需要遵守安全稳定运行相关规定的同时，也能参与辅助服务市场获取收益。

2022 年 6 月，国家能源局南方监管局印发南方区域新版"两个细则"，将独立储能电站作为新主体纳入南方区域"两个细则"管理，进一步提升独立储能补偿标准，完善独立储能盈利机制，提高了独立储能电站准入门槛。

目前，新型储能常见的辅助服务形式主要有调峰、调频（包括一次调频、二次调频）两类，具体收益额度各省区不同，但调峰多为按调峰电量给予充电补偿，价格从 0.15 元/(kW·h)（山东）到 0.8 元/(kW·h)（宁夏）不等。而调频多为按调频里程基于补偿，根据机组响应 AGC 调频指令的多少，给予 0.1～15 元/MW 的调频补偿。

4. 容量电价

目前只有山东启动现货市场试运行后，参照火电标准给予电化学储能容量电价。储能与备用火电在系统中的作用类似，利用小时数有很大的不确定性，仅靠电量电价难以维持经济性，因此需要容量电价予以"兜底"。但与抽水蓄能、火电不同的是，电化学电站建设便捷，调节性能优异，国家政策方向是将电化学储能尽可能推向电力市场去获利，容量电价仅为电化学储能收益的"保底"手段。

参 考 文 献

［1］《新型电力系统发展蓝皮书》编写组. 新型电力系统发展蓝皮书［M］. 北京：中国电力出版社，2023.

［2］刘梦欣，王杰，陈陈. 电力系统频率控制理论与发展［J］. 电工技术学报，2007，22（11）：135－145.

［3］清华大学技术转移研究院. 储能系统与火电机组联合参与二次调频的控制策略与系统［R/OL］.（2021－10－26）［2023－6－25］. https：//heec. cahe. edu. cn/school/science－project/30433. html.

［4］文贤馗，张世海，邓彤天，等. 大容量电力储能调峰调频性能综述［J］. 发电技术，2018，39（6）：487－492.

［5］张俊涛，程春田，于申，等. 水电支撑新型电力系统灵活性研究进展、挑战与展望［J/OL］. 中国电机工程学报.（2023－8－13）［2023－8－31］. https：//kns. cnki. net/kcms2/article/abstract?v＝o5eMcsLgsI4WvyzhT5G26RNO1a6ZhlOUd0nOVVzP043qdIzW5RtF1PqYxF－gmmv8O3zih＿LmkM 9t9ZwIWCN16WM0o8yV401qDWHErcYkzp9O0xmWVhBpCbfnPmLqNkSp5Xs7＿FjU5ikL8jThT7bx FETkJQTDqv－x＆uniplatform＝NZKPT＆language＝CHS.

［6］田孟羽，詹元杰，闫勇，等. 锂离子电池补锂技术［J］. 储能科学与技术，2021，10（3）：800－812.

［7］汤匀，岳芳，郭楷模，等. 全固态锂电池技术发展趋势与创新能力分析［J］. 储能科学与技术，2022，11（1）：359－369.

《大规模清洁能源高效消纳关键技术丛书》
编辑出版人员名单

总 责 任 编 辑　王春学

副总责任编辑　殷海军　李　莉

项 目 负 责 人　王　梅

项 目 组 成 员　丁　琪　邹　昱　高丽霄　汤何美子　王　惠
　　　　　　　　　蒋雷生

《新型电力系统技术路线探索》

责 任 编 辑　王　梅

封 面 设 计　李　菲

责 任 校 对　梁晓静　王凡娥

责 任 印 制　冯　强